明天開始，輕鬆做好菜

只要反覆勤做10道基本菜和作者看家本領的55道食譜，就可以開心享受做菜樂趣！

山脇璃珂

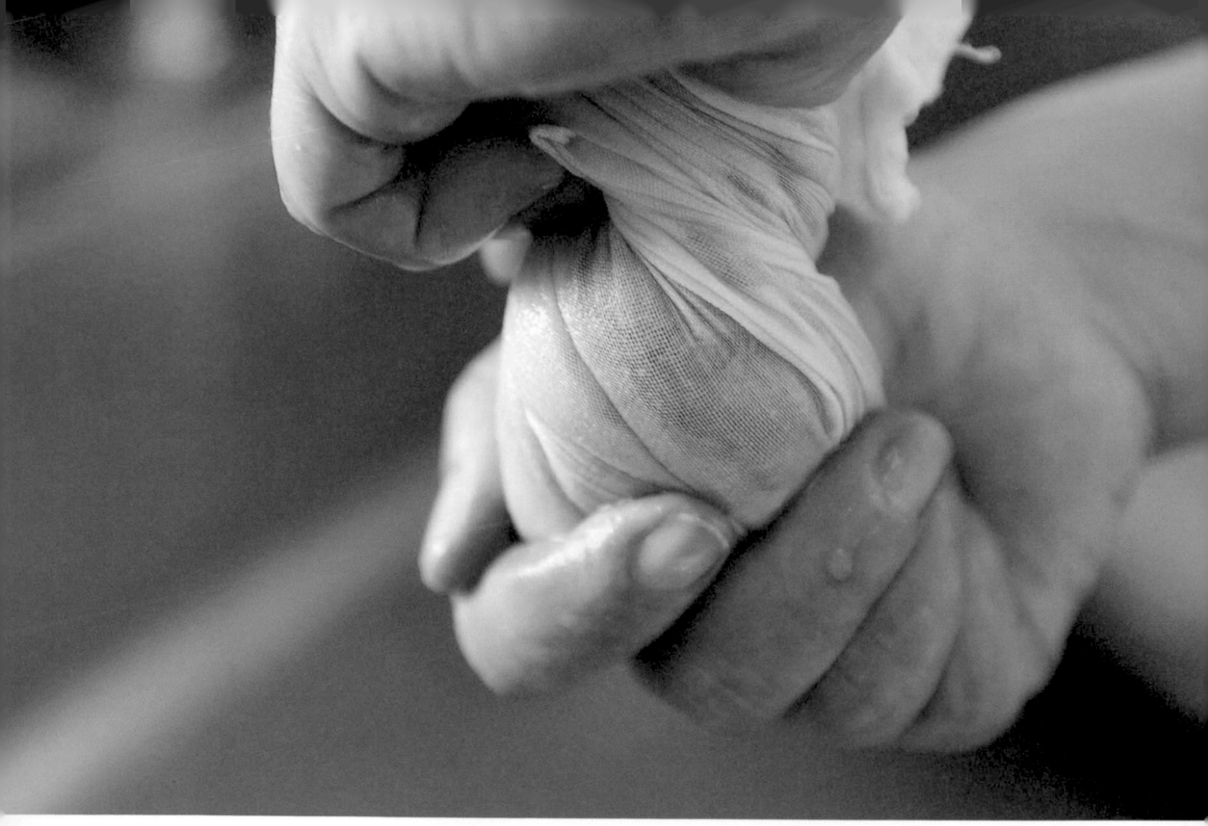

怎樣才是擅長做料理的人呢？

喜歡做菜，
喜歡吃，
有想要一起吃的人。

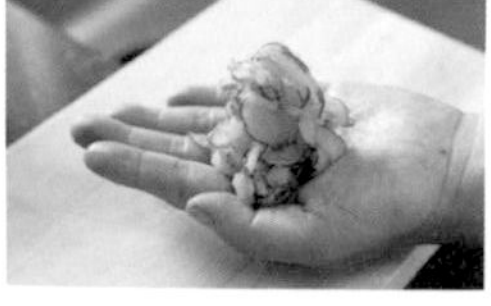

不費力地做出今天想吃的東西

你覺得，怎樣才是擅長做料理的人呢？很快地搓出3片、切出細絲、擺盤跟餐廳一樣漂亮、具有專家也相形見絀的高超料理技術……這樣，的確是料理高手。

但是，這卻和我想的有點不太一樣。

在夏天蟬聲合鳴的炎熱日子，將亮麗誘人的茄子做成美味燒茄，再細心煮出高湯，做成醬汁浸菜。將嫩薑好好磨成泥，盤子也弄得透心涼。湯汁則以醬油和味醂做成，順便再做點麵味露！

一早就下雨又下雪，可能整天會下雪的冬日，想讓回到家的家人喝碗熱湯。將整隻雞和蕪菁一起熬煮成湯，只用鹽巴調味。湯汁營養豐富，雞肉煮得純白軟嫩，熱騰騰的蕪菁冒著熱氣。最後，將蕪菁葉切碎，黑胡椒磨碎，做成雜燴粥。

看看手邊的食材，不費力地做出今天想吃的東西。輕鬆自在、俐落地做。這就是我認為的料理高手。

生魚片配味噌湯、炸豬排、焗烤、義大利麵、炒飯，連泰式咖哩都在家做。恐怕只有日本家庭會將做這些菜視為理所當然，真是太厲害了。此外，還有很多不同的菜色變化、複雜的調味料和繁雜的食譜。

不過我覺得，即使學會做很多食譜，恐怕也很難做到以今天手邊現有的食材，做出今天想吃的料理，這麼簡單的事。

了解為什麼，就能擅長做菜

艾維・提斯（Hervé This）有本叫《鍋裡的祕密》（*Les Secrets de la casserole*）的名作。

書名很令人著迷。因為我想要知道，為什麼要澆熱水？為什麼要用鹽巴清洗？為什麼？總之，只要知道理由，做菜就不會失敗。或許還能自行發現更好的方法。

做菜是有「要點」的，也可說是訣竅。如果能了解為什麼、知道訣竅，就能更加拓展料理世界。

對蔬菜多花一道工夫，並去了解為什麼多做這道工夫就會變美味。魚的事前處理是為了什麼？烤肉方法的訣竅、燉煮方法的訣竅，為什麼要這麼做？

無論什麼料理，只要常做一定就會很簡單。只要好好弄清楚理由、留意訣竅來做，等到察覺時，已經壓根不用看食譜、計算分量就能做出來了。

這時，就能一下子擺脫做菜很難、很不擅長的意識，變得愉快，就不會被每天的料理追得喘不過氣來。

這樣一定會喜歡上做菜。沒有什麼比這更重要的了。

喜歡做菜就會擅長料理

我是在２００７年定居紐約的。那時，剛好看到前洋基選手松井秀喜說的一句話：「儘管自己不是天才，但或許是個靠努力的天才。」

的確，只要有非常喜歡的事，不論是誰，或許都能成為「努力的天才」。或許也可將這稱為天職。

「對我來說，天職是什麼呢？」

我會立即回答：「做菜。」

不管多麼疲憊多辛苦，我都能做菜，而且是唯一隨時想做的事。

當我下定決心「回國後，就辭掉之前的工作」，我覺得這決定像是上天給我的一種啟示。長久以來的想法，終於在那時候具體化為言語。我告訴自己，以前去料理學校、在自家開設料理教室，都是因為興趣。但後來我決定不要只當興趣，而是要整個人投入、沉溺於料理之海。

這跟夢想的實現有點不同。該怎麼說呢？畢竟人生只有一次，我還是想要嘗試一下自己想要做的事情。

福山雅治的結婚，日本上下一片哀號。聽說他的老婆曾問他：「想要擅長演戲，該怎麼做呢？」他的回答是：「首先喜歡上演戲，不就得了。」

（哇！真不愧是長崎人，說得好。）

我推敲他想要說的是，因為喜歡，才會變得擅長，喜歡上了自然就會有積極的動力，而能高高興興去做。

喜歡料理的根源

我是在長崎的觀光旅館出生長大的。生來就是個好吃鬼，喜歡廚房，更喜歡觀看廚房的廚師。

他們巧手處理鯛魚、鰹魚等巨大的魚（對當時的我來說），將我家名產（好像是）一大盤的鹽烤鯛魚海螺從巨型烤箱中端出來，或是製作河豚提燈的模樣，我都覺得真是帥呆了。我對做料理本身的著迷，更勝過做出來的東西。

那時，有個芳村真理主持的節目《料理天國》，我看得津津有味。因為節目介紹的料理世界，和我家的廚師完全不同。我從中了解了紅酒的存在。也知道了開高健、山口瞳的存在（也得知法國天才詩人韓波的存在），也是我之後涉獵美食書籍的關鍵所在。

此外，不知為何我會邊做筆記邊看堺正章主演的電視劇《天皇的料理》。還喜歡將過期的《生活的手帖》雜誌中，有關村上信夫（當時帝國飯店的料理長）的報導內容全部攤開來，堆在一起，再一口氣讀完。生日時，表姊送我一本《小熊維尼的料理讀本》，當時我也試著做完裡面全部的食譜。看到自己沒用食物處理器（因為沒有），而是用手做出派皮料時，還覺得自己該不會是「天才？」（從當時就很積極努力。）如今，我還很珍惜地保有這本書。

家庭料理總是很美味

儘管如此，我並沒有去從事料理工作。上大學來到東京，開始住姨媽家。因為考試的關係，在東京過著聽〈GIRLS, BRAVO〉*的日子，才又再次燃起稍微冷淡的料理熱情。

姨媽和我一樣是在長崎的旅館長大。她也非常喜歡料理，還不是普通的老饕。我這個大學生比較有空時，我們就會一起出去採購。白天吃好吃的東西，聽她解說料理，回家後就幫忙做晚餐，然後又是吃。

姨媽對所有即使不是高價品的食材，都有自己的堅持，譬如米在新宿、肉在等等力、魚在大森採購，其他還有起司、鰻魚、豆腐、醬油、醬料等等。她是大正年代出生的主婦，從不曾在晚上外食過，她自己看書和雜誌找資料，不斷試吃，經過好幾年累積出自己的美味清單。其中，也有很多外來的美食，總是令來自長崎的我不斷感到吃驚和感動。

為了家人，在盡可能的範圍內尋找好的食材，在每天的烹調中下工夫，好好地收拾善後，從中也了解食的喜悅和快樂烹飪的關聯。藉由小小的巧思和智慧就能夠經常吃到好吃的，也能領悟家庭料理的奧祕。

我就是從那時候開始，每天都會做菜。即便一個人生活、工作很忙碌的時候，還是會自己做晚餐。開會時也會在一旁寫下天馬行空的食譜。人越是忙碌時，越想要有能投入的興趣，譬如做串珠或是跑步，不是嗎？

對我來說，做菜是喜悅的，也有助於消除壓力、放鬆心情。在我感到辛苦、心情低落時，好幾次就因料理得到療癒。

＊日本流行音樂，1985年發行，作詞者是NOKKO，作曲者是土橋安騎夫。

有想要一起吃的人嗎？

和另一半（老公）結婚後，我越來越喜歡做菜。只要老公對我隨意煮出來的高湯瞇起眼睛微笑，我就非常高興。

抱持著想讓對方吃美食的心意，就完全不覺得事前準備工作、多下一道工夫很辛苦，也能產生出超越實力的力量（但請注意，若沒有愛就會失去）。

只要有值得珍惜的人，即便不清楚複雜的學問，但自然會想到不要用化學調味料、不要有反式脂肪，要用國產的、對身體有益的好食材。所以才會說，家庭料理是「維護家人健康的料理」。

「㐂川」（大阪的烹飪料理店）的上野修三曾說過，料理只要內含對對方的情感、心意，就會變好吃。母親也經常告訴我，焦急做的菜就會有焦急味。

心意、情感會呈現在料理上，而且一定會傳達給對方，連小孩子也感受得到。只要有愛，即便做出來的菜多少有點不好看，也會好吃。只要一起吃，美味就會更加倍增。

儲備能引發做菜熱情的能力

我認為，家庭料理中有比技術更重要的東西。我不太會將30幾歲上料理學校、為取得資格念書學到的東西，用在日常的料理上。

我經常想起小時候，配合旅館季節行事曆的晴之膳、褻之膳、應時的裝飾、自家製作的歲時記等。

我也無法忘懷昔日曾是廚房女王——母親的料理，如金平牛蒡、方頭魚天婦羅等。如今我做菜的要求也很樸實簡單，因此對這些不需太費工的料理的美味，現在也感到很驚訝。

旅行中的偶遇也是。在松露村，農夫認真地將秤擺在一旁、提供讓人興奮到快流鼻血的白松露。看起來像葡萄柚的檸檬，以及向醉醺醺的男子學做檸檬酒。慕名到塞維亞食堂學習西班牙海鮮燉飯。還有給感冒的另一半，製作安・蘇菲*做過的溫和的湯。

在長島的早晨，邊聽波濤聲邊吃煎駝鳥蛋！在墨西哥料理教室吃到好吃得不得了的檸檬醃生魚。計程車司機家裡的泰式酸辣蝦湯。向泰國伊善地區的媽媽學到的青木瓜沙拉。

初雪的日子美瑛的鹿肉。青森熱呼呼的海鞘。寒河江市剛採摘的小黃瓜。金澤的百年味噌、鮮活的甜酒。小豆島加熱前的生醬油。和歌山醋之藏媽媽的什錦壽司。五島庭院前剝取的海螺肉。佐渡夏天的鰤魚。長堀橋的木碗與圓形昆布。龜戶自家製的義大利臘腸。

不是名店也沒關係，即使是在市場，凡是有看到、注意到的都嘗嘗看。只要多加品嘗，可以活用的知識就更多。只要有感動，就會想吃、想要做。比起練習切細絲，請儲備這樣的能力。我認為，對吃的執著越強，就越能成為料理高手。

明天開始，輕鬆做好菜？

本書匯集了我自己不斷理解的一道工夫、小巧思，還包括了調理蔬菜、肉類、魚的料理，製作高湯和調味料的樂趣、建立菜單的方法，以及日常生活上的細節。

尤其是最後，更選出了匯集各種訣竅的10道菜。藉由反覆勤做這些菜，訣竅就能深入內心。只要擁有真正自信的拿手菜，就會變得更加喜歡做菜。

如此一來，你未來才能擺脫照食譜做菜，享受以手邊食材自在製作想吃食物的樂趣。

像許多人一樣，更加熱愛做菜，並自然地愛上它，那麼從明天開始，你就能輕鬆做好菜了！

若是能帶給大家這樣的心情，我會由衷感到高興。

＊Anne-Sophie，法國三星餐廳女主廚。

只要反覆勤做 10 道基本菜和作者看家本領的 55 道食譜，
就可以開心享受做菜樂趣！

明天開始，輕鬆做好菜

目次

怎樣才是擅長做料理的人呢？ 2
小黃瓜涼拌檸檬醬油 14

第1章 擅長調理蔬菜 16

蔬菜要做得美味，水分控制是關鍵 17
▽綠色沙拉 18
▽基本的小黃瓜搓鹽 19
掌握搓鹽的訣竅與調整 20
▽高麗菜炒花生明太子 22
▽青江菜炒櫻花蝦 23
時機是關鍵，好好地汆燙吧 24
▽芝麻涼拌茼蒿 26
▽核桃芝麻味噌醬涼拌茼蒿與地瓜
（基本的10道菜 No.1） 27
烤蔬菜的推薦 28
用蒸的很麻煩？ 29
▽今日的烤蔬菜 30
▽今日的蒸蔬菜 31
好好收拾，徹底使用蔬菜 32
好幾次都因芋頭成功而得救 33
▽燉芋頭（基本的10道菜 No.2） 34
▽金平牛蒡 35

第2章 擅長調理肉類 36

40歲，才因牛肉而領悟 37
▽嫩煎雞腿肉 38
肉類靠火力大小的調整 40
▽嫩煎牛排 42
▽和風烤牛肉 43
冷掉時變美味！
擅長燉煮料理就是待客高手 44
▽燉牛肉（基本的10道菜 No.3） 46
喜歡軟嫩的肉!? 48
在家不做炸的料理，但想要做炸雞 49
▽5、6個炸雞塊 50
▽糖漬加州梅雞肝 51&53
喜歡吃動物的肝臟嗎？ 52
擅長肉類的冷凍保存法 54
▽平底鍋香煎香草秋刀魚 55&61

第3章　擅長調理魚　56

擅長調理魚就是料理高手　56
▽竹筴魚丸湯　58 & 60
▽梅乾紫蘇涼拌醋漬魚　59 & 60
一週烤兩次魚!?所以更要簡單製作　61
▽梅子燉沙丁魚　62 & 64
▽紅燒鰤魚　63 & 65
事前處理占八成。
魚料理最重要的，就是一開始的處理　66
水洗／澆熱水　67
燙熱水／燒烤　68
貝類的事前處理　69
去除蝦子的腥味吧！　70
▽核桃蝦仁芹菜沙拉　71
為何日本的魚很美味呢？　72
注意魚的肛門！　74

第4章　擅長規劃菜單與做菜步驟　76

做菜要有步驟　77
想要擅長做菜步驟，建議做這種訓練　78
每天，希望吃到什麼樣的飯菜？　79
以後天主義準備菜單　81
後天主義的三天菜單　82
第一天的菜單與步驟　83
第二天的菜單與步驟　84
第三天的菜單與步驟　85
料理也以後天主義好好善後、物盡其用　86
需要的東西意外得少　88
冰箱就像化妝包　91

第5章　擅長調理高湯　92

為何想傳授高湯？　93
高湯的芳療效果　95
高湯用昆布與柴魚　96
▽基本的昆布高湯＝昆布水　97
▽第一道高湯～昆布與柴魚　98
▽以第一道高湯製作難忘的味噌湯　99
▽小魚乾高湯與香菇高湯　100
▽以小魚乾高湯製作12月雪花菜　101
▽雞高湯和蔬菜高湯　102
▽以雞高湯調製美味的義大利蔬菜湯　103
美味是有理由的　104
可取代高湯的各種鮮味　105
充滿智慧，也擅長調理乾貨　106
▽煮豆　107
▽梅乾拌蘿蔔乾絲　108
▽燉煮羊栖菜紅蘿蔔　109

第6章　擅長調味料　110

覺悟的契機從義大利的摩地納開始　111
何不從醬油選起呢？　114
我喜歡的醬油　115
我喜歡的鹽巴和砂糖　116
我喜歡的醋　117
我喜歡的味噌　118
我喜歡的味醂　119
我喜歡的油　120
放調味料的順序是「糖、鹽、醋、醬油、味噌」　121
▽MY調味料（MY麵味露·調合醋）　122
▽美乃滋·玉味噌醬　123

第7章　擅長生活　124

讓人喜歡料理的心愛物件？　125
桌布與圍裙～家庭手作品推薦　126
自己喜歡的器具，就是「好的」器具　128
西式餐具　130／和式餐具　131
大家放輕鬆，在家吃頓飯吧！　132
餐桌擺設　134

▽義式狂水煮鯛魚 138 & 140
做菜有靈感的重要性 141
▽令人感動的金麵和沒能吃上的西班牙式煎蛋 144
▽令人感動的金麵（旅行的食譜1） 142 & 145
▽沒能吃上的西班牙式煎蛋（旅行的食譜2） 143 & 145
▽除夕的什錦飯（母親的食譜1） 146 & 148
▽柚子胡椒（母親的食譜2） 150
一起吃飯會促進彼此的關係，傳承給下一代 152
▽三明治（母親的食譜3） 154

最終章　試著反覆做同樣的料理！基本的10道菜

156
（基本的10道菜No.1在27頁、No.2在34頁、No.3在46頁）
▽醋拌紅白絲（基本的10道菜No.4） 158 & 160
▽鴨兒芹豆皮蛋花湯（基本的10道菜No.5） 159 & 161
▽普羅旺斯燉菜（或西西里燉菜）（基本的10道菜No.6） 162 & 164
▽放涼後也美味的漢堡肉（基本的10道菜No.7） 166 & 168
▽煨比目魚（基本的10道菜No.8） 167 & 169
▽焗烤通心粉（基本的10道菜No.9） 170 & 172
▽基本的馬鈴薯沙拉（基本的10道菜No.10） 171 & 173
後記～做的人有愛，但吃的人也有愛嗎？ 174

本書的用法

○在材料說明中，「少許」是指以大拇指和食指抓取的分量，約⅛小匙；「1小撮」則是以大拇指、食指和中指三根指頭所抓取的分量。
○炊（煮）、燒烤等的加熱時間為一般的標準。依鍋子、熱源、機種，加熱方式會有所不同，請觀察烹調的樣子做調整。
○計量單位：1杯＝200㎖、1大匙＝15㎖、1小匙＝5㎖。
○作法中會省略一部分，如「洗蔬菜」「去皮」「去蒂」等事前準備步驟。
○在材料說明中，標示「植物油」者，請使用橄欖油、菜籽油等手邊現有的油品。

＊書中標示的價格以2016年1月為準。

搓鹽隱藏著使蔬菜變美味的智慧。先從小黃瓜開始

小黃瓜涼拌檸檬醬油

拿出耐冰的小黃瓜1條，只要好好搓鹽，再加上檸檬和醬油就很好吃，再多也吃得下。這就是小黃瓜最大的好處。

材料（4人份）
搓好鹽的小黃瓜（p.19）　3條
檸檬汁　2小匙
醬油　1大匙

將檸檬汁與醬油混合，涼拌搓了鹽的小黃瓜。檸檬皮切細絲後，盛裝在最上面。

第1章 擅長調理蔬菜

含水多且味道不濃的
蔬菜是不行的。
好好花點時間處理，
就能引出它獨特的甘甜美味。

蔬菜要做得美味，水分控制是關鍵

大家都討厭水多味不濃吧！所謂的水多味不濃，也有難吃的意思。結實飽滿、水嫩的蔬菜就很美味。可是，水水的涼拌菜、炒菜，就會讓人不想吃。沙拉也是。盤底積著水（之類的東西），蔬菜就變得噁心，沒人想伸手去夾。

我處理蔬菜時，覺得最重要的就是這水分的調節，不要做出水水的料理。

換言之，只要能自在控制蔬菜的水分，就能成為擅長調理蔬菜的人。

蔬菜直接生吃，因為有水分，所以覺得好吃。可是經過切、加熱、調味（加鹽）等料理過程，纖維和細胞膜遭到破壞，就會滲出水分。此外，也容易氧化、劣質化。

因此，刻意控制水分做料理，有時是要保持它的水嫩，或是想引出它的甜味，有時則希望留下很好的咬勁。若能理解這麼做的「原因」與「訣竅」，真的，就會一舉成為料理高手。

不管怎樣，蔬菜料理變得水水的就不好吃，這是全世界共通的常識。因此，和食會用搓鹽的方式，中華料理就過油，義大利菜和法國菜則是用烤的（烤過後醃製），這些都是全世界先人們的智慧結晶。就算是直接生吃的沙拉，也會淋上含油調醬「dressing」。誠如「dressing」的字面意思（像穿衣服般裹一層東西），藉由裹一層東西來防止水分滲出太多。

以誠心做成的蔬菜簡單料理，為了品味其獨特美味，花點小心思不可或缺。

綠色沙拉

事前準備：生菜嫩葉、荷蘭芹、紅色菊苣等葉菜類，水洗後放在濾網上充分瀝乾水分，以乾淨白布或廚房紙巾輕輕擦乾。用廚房紙巾將這些菜葉蓬鬆包裹起來，裝入有蓋的保存容器或保鮮袋中，放在冷藏庫中能保存2天。蓬鬆地裝入是重點。

基本的法式調醬：橄欖油2大匙、檸檬汁1大匙、米醋1小匙充分混勻。

※油與醋的比例要從1：1才開始乳化。若油比醋少，就不會乳化。油越多就越濃稠。先將油和醋拌勻乳化之後，再加入蜂蜜、楓糖漿、味噌、黑胡椒、香草、芝麻、洋蔥、紫蘇、荷蘭芹等自己喜歡的東西調味。

沙拉的步驟：將事先準備好的綠色蔬菜放入碗裡，拌入調醬。分量盛滿雙手的葉菜中，加2小匙的調醬即可。要吃之前再拌醬汁。如果不馬上食用，醬汁就應該另附。

【基本的小黃瓜搓鹽】

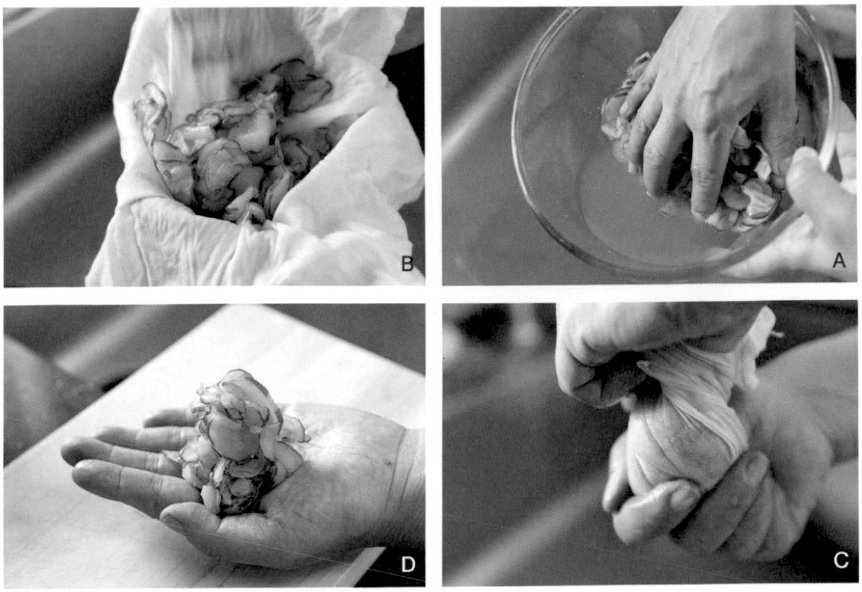

材料

小黃瓜　2條（200g）

鹽　1小匙（6g）

※約小黃瓜重量的3%

作法

1. 小黃瓜切除兩端，如果希望口感好（依個人喜好），就以縱向條狀地刨去皮，切成圓薄片，放入碗裡。

2. 整個撒鹽、拌勻，就這樣靜置10分鐘。

3. 確認已出水（A）。在流水下輕輕搓洗，放在鋪有白布的濾網上（B），充分擰乾（C）。

※將小黃瓜堆放在手掌上（D），擰乾到整團可站立的程度。以手或廚房紙巾擰乾時，一次少量會比較好擰乾。

※做料理時，少放點鹽巴很重要。但還不熟練時，鹽巴的分量可試著多放一點。等掌握得到出水的感覺，就會知道適當的量。

鹽分可在事後沖淡。在流水下搓洗後，嘗嘗味道的鹹淡，這時若覺得太鹹，還可浸泡在水中降低鹽分。或者，用之後的調味料調整鹹淡。

※以乾淨白布擰乾。至於要擰多乾，一開始先試著充分擰乾到整團可站立的程度。等做慣了，再配合之後的進展，分為充分擰乾和稍微留點水分地擰乾。

1捲乾淨白布（約10m）可使用1年。真的很方便。可在布店或和服店購買。

掌握搓鹽的訣竅與調整

和食中對應水分多且味道淡的智慧，就是搓鹽。我相當講究這點，到目前為止的著作中也一定會做介紹。連在教室授課時，也差不多每次都會提到搓鹽。（說夠了吧？）

若能擅長搓鹽，只要再淋入美味醬油、拌甜醋等，就能簡單做出一道吃不膩的美味料理。

我只在和食中見過搓鹽。只是很小的一個巧思，但恐怕就是日本值得誇耀的料理文化之一吧！

只要撒鹽，因為滲透壓的關係，蔬菜就會出水。搓鹽就是利用這點，讓蔬菜事先脫去某種程度的水分，再止住之後水分釋出的一種智慧。若能做好這步驟，就能以少量的調味料精準地決定味道。

同時，撒鹽還能去除「澀味」、「臭味」，添加一點鹹味，使菜色變鮮豔、咬勁也變好等。除此之外，還有很多其他作用。

加鹽法有兩種，直接加鹽法與泡鹽水法。對蔬菜，兩者都是使用2～5％的鹽。若是小黃瓜、白蘿蔔之類水分多的蔬菜，鹽的分量就要少一點。紅蘿蔔和高麗菜等則要多一點。小松菜、茼蒿也是直接生鮮地切碎後搓鹽，就會產生不同風味而變美味。也可用來拌飯或是製作涼拌菜。

加鹽的步驟會讓人既緊張又害怕。因為沒辦法重來，鹽巴加太多好像對身體也不好。不過，搓鹽若不加到某種分量以上就無法成功。多試幾次，等到能掌握微妙調整時，再刻意多加一點。很多人失敗似乎都出在鹽加得太少，蔬菜不出水。

我認為，在反覆搓鹽的嘗試過程中，很快就能理解鹽分與蔬菜的關係。

「一加入鹽分，蔬菜就會出水」的道理說得再多，大家或許還是無法掌握到關鍵，試著自己搓鹽就能一目瞭然了。如此一來，就能理解淋了醬汁的沙拉，經過一段時間為何會變難吃，炒菜時太早放入鹽巴會變怎樣。如此也能了解，以梅乾為代表的漬物的原理。

炒菜時也要好好處理水分

中華料理通常都是先過油再炒，或是以大火快速爆炒。不論哪種炒法，都是為了避免蔬菜持續大量釋出水分，才能享用到清脆、鮮嫩的蔬菜。

在家中簡單可行的方法，就是先淋油。這是從前在台灣向師傅學的一招。例如青江菜和小松菜先洗過後，把梗和葉子分開瀝乾水分。將它們放入碗裡，全部輕輕裹層油後，在熱好的平底鍋裡快炒。請使用上等的好油。

盡可能到最後才調味。或許在炒好、要吃時淋醬油即可。如果要當作便當菜，建議醬汁另外附。

炒得清脆的青菜，即使只有一種，也會是清新美味的一道菜。而像蘑菇等容易出水的蔬菜，最後放入也是做菜的智慧。估算最後蔬菜會釋出的水分，將味道調濃一點或是以太白粉水勾芡，也是中華料理防止菜炒得水水的方法之一。

我不喜歡「什麼都勾芡」，因此不論怎樣都會出水時，我會在最後加入芝麻粉或柴魚薄片來吸飽水分。這也是一種方法。

高麗菜炒花生明太子

也可以用菠菜、油菜花、切薄片的苦瓜、腰豆等。

材料（2人份）
高麗菜　¼個
明太子　1副
花生　20顆左右
芝麻油　1大匙

作法
1. 花生對半分開。高麗菜用手撕成方便食用的大小，約4㎝塊狀。明太子去皮膜。
2. 平底鍋置於中火上，炒花生。炒好先取出來。加熱芝麻油，油熱時炒高麗菜，炒到變軟嫩時，加入花生、明太子，全部充分炒勻。

※2要一口氣炒好。高麗菜炒到六分熟時，就要趕快起鍋。不要炒過頭是重點。

青江菜炒櫻花蝦

材料（2人份）

青江菜　2把（1袋），也可用小松菜之類的。

櫻花蝦乾　½杯左右

醬油　2小匙

芝麻油　1大匙（拌油用）

磨好的芝麻粉　適量

作法

1. 將青江菜的葉子和白梗分開，白梗切成長約1cm，葉子切成長約3cm。瀝乾水分後，放入碗中，拌芝麻油。
2. 櫻花蝦放入濾網中，淋熱水、去除腥味。
3. 平底鍋稍微抹芝麻油（分量外），置於爐火上熱好時，放入櫻花蝦快炒。蝦炒脆時，先放入1的白梗，炒到變鮮嫩了，再加入葉子迅速炒勻，撒芝麻，最後澆圈淋醬油。

※火力始終用大火，但不要用火燄會超出鍋子的強火即可。

時機是關鍵，好好地汆燙吧

汆燙蔬菜並不容易，我很難忍受把菜燙過頭這種事。總之，不論是菜葉或義大利麵，我都喜歡汆燙到別人會質疑說「會不會太早撈起來了？」的硬度。

因此在燙蔬菜時，我會自覺是在面對一項困難工作，所以一定不會離開現場，以免錯過時機。

菠菜、茼蒿等葉菜類，我會用大型平底鍋或中華炒鍋汆燙。將水加至5～6㎝高，煮沸到90℃左右時，先放入菜梗，數到5再放入葉子，蓋上鍋蓋後關火。接著大約等個15秒，這樣就燙好蔬菜了。時機就是關鍵、一瞬間的事，因此請小心應對。

此外，希望將帶根的青菜從梗到葉子都汆燙得比平常還清脆時，就要在70℃～80℃的稍多熱水中，像涮涮鍋般一次放入幾根菜，小心燙熟。（一般沖泡咖啡會用70℃～75℃的熱水）。

開始汆燙前，不要忘記做好煮完一離鍋，就能立刻放入冷水的準備。好不容易煮得剛剛好的鹹淡，若餘熱過多就會功虧一簣。

蘆筍、四季豆、秋葵等是容易蓄熱的蔬菜，因此汆燙時機更重要。重點就是盡快撈起來。我不會把這些蔬菜加入滾燙的開水中，而會放入差不多40℃（洗澡水的溫度）的熱水中，一煮沸就關火。之後就靠餘熱做調整。

若覺得汆燙很難，就以平底鍋炒一下，灑入白葡萄酒，蓋上鍋蓋燜一下，也是一種方法。

至於「以微波爐燙菜！」我就不太擅長了。最近，常聽到很多人會使用微波爐，但蔬菜燙好的狀態也不一樣。我認為，只靠一個按鍵就要完成這個動作是很困難的。不論是味道、口感都和用鍋子汆燙不一樣。仔細想一下，用鍋子也只要3分鐘左右就燙好了。我認為，用3分鐘來處理小松菜和茼蒿較佳。

另一方面，馬鈴薯和紅蘿蔔要慢慢水煮。突然放入熱水裡煮，只會先煮熟表面，等到裡面也熟透時就煮爛了。換言之，只要切碎，配合之後的料理，即使在熱水裡很快燙一下也OK。

用水煮，如果爐火太強，表面就會煮爛。若是之後要打碎就沒關係。先從水開始煮，一煮開就轉中火繼續煮。只要不用滾燙的水煮，根莖類蔬菜都能煮得很漂亮。

我多半都是連皮一起煮，因為想將皮的風味和美味也煮進去，並且思考是要完全煮軟，或是煮到七分、五分熟之類的程度。

煮好的馬鈴薯，搗碎後加一點鹽冷凍起來，就很方便使用。可以拿來做焗烤料理，在馬鈴薯上面鋪起司，加入牛奶或少許白酒烤一下，也可用藍紋起司製作。和白飯一起，加入昆布高湯或昆布水，或是和番茄一起，放入鍋裡熬煮成雜燴粥也很美味。

其實沒有規定汆燙時一定要放鹽，鹽的作用之一，是防止變色。另外也有帶來淡淡鹹味、使蔬菜組織變軟嫩等效果。

即使用芝麻、白芝麻、豆腐等來涼拌青菜，在青菜燙好後要充分調味時，我也不放鹽。只要不汆燙過頭，立刻放入冷水中浸泡，即使不放鹽，也能保持青菜的鮮綠。

對於荷蘭豆等最後當裝飾用，隔天才會用到的需冷凍蔬菜，我就會加鹽。當然，想要調整鹹淡時也要加鹽。

芝麻涼拌茼蒿

也可改用菠菜、油菜花、切薄片的苦瓜、四季豆等。

材料（2人份）
茼蒿　1把

☆涼拌醬料
芝麻（磨好的芝麻亦可）　2大匙
醬油　1大匙
砂糖　2小匙
醋　1小匙

作法

1. 茼蒿，連梗都充分洗乾淨，將梗的部分浸泡在水裡10分鐘左右，使之變清脆。
2. 汆燙茼蒿。準備一碗加了2、3塊冰塊的冰水。在中華炒鍋（口徑大的鍋子）裡將水煮開，在煮沸前約90℃時，從梗側放入茼蒿，數到5時，將茼蒿整個壓沉入水中，關火後蓋上鍋蓋燜15秒。當綠色變鮮豔時，立刻放入冰水中泡涼。撈起，充分擰乾，切成方便食用的大小。
3. 芝麻放入研缽中磨碎。碗裡放入砂糖、醬油、醋，充分混勻到砂糖融化為止，加入芝麻。這時，放入2整個拌勻。

〈基本的 10 道菜〉No.1

基本的10道菜之1

核桃芝麻味噌醬涼拌茼蒿與地瓜

材料（容易製作的分量）

地瓜　200g
（約半顆）
茼蒿（青菜）　1把

☆涼拌醬料
磨好的芝麻　4大匙
核桃　20粒（先乾炒後備用）
粉狀黑砂糖　2大匙
鹽巴　½小匙
白味噌　2大匙（也可用麥味噌更美味）
薄鹽醬油　¼小匙
豆腐　1塊

※沒有核桃時，全部用芝麻也OK。改用松子、花生等，也有其他的風味。

作法

1. 豆腐以乾淨的白布或廚房紙巾包裹起來放在濾網上，上面用盤子等壓著，經過30分鐘左右充分瀝乾水分。
2. 以研缽研磨核桃，磨碎成粗顆粒。加入芝麻繼續研磨，再加入味噌、鹽巴、砂糖充分研磨均勻。然後加入1的豆腐充分混勻。
3. 地瓜切成1cm塊狀，用水煮熟，放在濾網上。茼蒿和右頁一樣，很快汆燙後充分瀝乾水分，切成方便食用的大小。
4. 將3加入2裡整個攪拌均勻。試味道，稍微加點薄鹽醬油增添香氣，充分拌勻後就完成。

※這道涼拌菜的重要訣竅，就是要多調製點涼拌醬料。即使沒有甜味也會很好吃，請依個人喜好做調整。

烤蔬菜的推薦

要充分品嘗到蔬菜的美味，我推薦烤蔬菜，這是最簡單、能恰到好處脫去蔬菜水分的方法。

我很喜歡將蠶豆、毛豆連豆莢一起烤。玉米筍也是連皮一起包裹錫箔紙烤。由於連皮一起，所以玉米筍是燜烤的狀態，會連玉米鬚也烤得蓬鬆、好吃。如此就能完整品嘗到季節味，因此是主角級的饗宴。

洋蔥、紅蘿蔔、蕪菁也是烤蔬菜中的美味代表。將它們整個仔細用錫箔紙包裹起來（撒一小撮美味的鹽，一起包起來），花點時間燒烤。

若是洋蔥（連皮），就放在200℃的烤箱中烤50分鐘到1小時，紅蘿蔔烤30到40分鐘，蕪菁只要烤20分鐘。山藥、長蔥也一樣，能有飽含水分、新發現的美味。

蕪菁也可以用烤架烤。蓮藕切成薄圓片，用烤架烤也很好吃。鋪一層藍紋起司後烤，也是常見的方式。

烤番茄也很推薦。我是在番茄頭劃幾刀後烤，這樣皮就會脫落，這也是用熱水煮番茄去皮的進化版。由於比用水煮去皮更輕鬆，因此在想去番茄皮但可容許番茄有點變形時，請務必用這方法。動作俐落地撒上喜歡的鹽巴，搗得軟爛後放在法式長棍麵包上，就變成配最高級白酒的良伴。

此外，將番茄放在平底鍋裡燒烤，直接就能做成醬料。加入番茄汁就能做成湯。總之，番茄就是麩胺酸的寶庫。

任何一種方式都是藉由脫去恰當的水分，將美味濃縮而變好吃的。

用蒸的很麻煩？

很多人喜歡蒸的蔬菜，但是否往往無法在家製作呢？

很多蔬菜用蒸的都很美味，如根菜類、綠花椰菜、白花椰菜、茄子等。蒸小芋頭、海老芋、鳴門金時地瓜*、竹筍等盛產季短的蔬菜和有地域性的蔬菜，也能將它們提升成為主角。鍋裡放蒸籠是最傳統的蒸的方式。不只是蔬菜，蒸籠也能用來蒸肉和魚，料理範圍很廣，所以是令人想要擁有的廚具。

如果沒有蒸籠，就在家裡準備一只高度最深（大約12㎝）、能蓋上鍋蓋的大型鍋子。其次，準備法式燉鍋等耐熱且有5～6㎝高的鍋具，置於大型鍋底。大鍋中加水，加到法式燉鍋的八分滿，再放入裝有食材的盤子，蓋上鍋蓋蒸。請花點心思將盤子放穩。當水煮沸到發出咻咻聲時，把鍋蓋稍微往旁邊錯開，轉中火。需要長時間蒸的東西可能沒辦法用這方法，但可用於只需蒸10分鐘的高麗菜或白菜，以及要下工夫切得容易蒸熟的根菜類等。

此外，想要連蔬菜蒸出的水分一起品嘗時，建議用燜煮方式。這樣就能嘗到幾種蔬菜融合在一起的美味。準備一只鍋蓋能蓋得緊密的鍋子。放入1㎝左右的白酒或日本酒，將喜歡的蔬菜層層疊放進去，加入鹽和香草後蓋上鍋蓋。先開中火，當煮得發出咻咻聲時，轉小火。依蔬菜想要燜煮到什麼程度來調整時間。若依水分的多寡來思考、選擇搭配的蔬菜，就不會失敗。例如，白菜搭配紅蘿蔔、馬鈴薯，或是番茄搭配地瓜都可以。我時常將用剩的蔬菜一起燜煮，可以直接添加昆布水，或是放入食物處理器中攪打成湯汁。只要有甜菜根與紅蘿蔔，無論什麼組合都會很可口。

*日本德島縣的代表性農產品，產地在以鳴門市為中心的附近地域。

今日的烤蔬菜

材料　當令的蔬菜、家裡有的蔬菜。

蕪菁　2個，留一點葉梗，縱向對半剖開。去皮。

番茄　2個，切圓片。

蓮藕　切成1㎝厚的圓片，約6片，去皮。

毛豆　圖片是原生種，秋天很美味的毛豆。

將錫箔紙鋪在烤架的烤網上，塗抹一層橄欖油，將蔬菜排列好，撒入美味的鹽巴、黑胡椒後燒烤。

烤好時，蓮藕上鋪番茄片取代醬汁。用錫箔紙包裹毛豆，放在烤架上燜烤6~7分鐘。最後稍微打開錫箔紙，將外皮烤到有點焦黃即可。

今日的蒸蔬菜

材料　當令的蔬菜、家裡有的蔬菜。將蒸熟時間差不多的蔬菜分類在一起，用蒸籠蒸熟。

・地瓜
・蕪菁、切成1㎝厚的南瓜
・綠花椰菜與白花椰菜

〇沾醬2種　也適用於肉類和魚類。

・顆粒狀芥子醬3大匙、敲碎的梅乾果肉1大匙　將自己喜好的分量充分混勻。
・喜歡的味噌2大匙、粉狀黑砂糖1小匙（依味噌的鹽分加減分量）、柚子胡椒　依個人喜好的適當分量充分混勻。

※兩者放在冷藏庫，均可保存1星期之久。

好好收拾，徹底使用蔬菜

有點突然，但請各位想一下鴨兒芹，芫荽也是。不覺得它們的葉子和莖是不同的蔬菜嗎？葉子很柔嫩，香味不至於太強烈；可是莖就很硬，香味也強烈。而且外形清晰，非常好辨認。因此，我經常將葉子和莖視為不同的蔬菜來使用。而葉子和莖可保存的期限也不一樣。

鴨兒芹的葉子容易受損，因此買來當天就會做成燙青菜、湯料理、沙拉等。細長又硬的莖部分就切碎，隔天可以當作菜餚的頂部裝飾或是煎蛋的配料。不立即使用的部分就切細碎，跟米醋、芝麻油混合後裝入小瓶子中，製成醬料。或是跟醬油、味醂、味噌混合，調成沾醬。小松菜、菠菜的葉子和莖也分開使用的話，就能發現各種不同的可能性，例如莖做成湯、葉子用來炒菜等。

紅蘿蔔用剩時，做成醋溜紅蘿蔔就是我家常見的家常菜。紅蘿蔔以刨絲器「Shrishri」（沖繩特製刨絲器。有鈍刀的功能，可使味道容易融合）刨成粗絲。平底鍋抹太白芝麻油，趁油未熱時，一口氣倒入紅蘿蔔絲，加一小撮鹽和醋，將紅蘿蔔炒至軟嫩。當醋的酸味揮發後，就會留下甘甜和美味。放涼到相當人的體表溫度（約35～37℃）時，放入冷藏庫可保存3天。不論是混入水果做成沙拉，或是和蘿蔔乾一起煮，或是混入溫熱的飯中做成紅蘿蔔飯均可。同樣地，也可加洋蔥。若放入正值盛產季的嫩薑，更能增添風味。

請仔細觀察各種蔬菜，活用其特性，好好地徹底利用。

好幾次都因芋頭成功而得救

料理教室一開始的菜單都是「芋頭」。芋頭以淘米水汆燙後，再以第一道濾取的昆布柴魚高湯慢慢燉煮。這是基本的燉蔬菜。對我而言，一提到芋頭就是「燉芋頭」，這也是母親的味道。

人為什麼會被燉蔬菜療癒呢？就我來說，好幾次的爭執場面（？）或辛苦，都被料理救贖了。只要做料理，所有的哀怨或憤怒都能獲得平息。其中，燉蔬菜的救贖力相當高。尤其是燉芋頭。

由於是清淡素材，因此要小心一點，慢慢開始燉煮。雖不必像蒸白肉魚般，必須盯著一步都不能離開，但也不能像燉肉那樣放著不管。要一邊調整火的大小，但也不必緊盯著鍋子燉煮，在這樣的處理過程中，心情也會跟著沉穩下來而變得清澈透明。說到這種作業，對我而言就成為「最好的沉澱」時間。

將芋頭削切成六角形、表面修圓，以鹽巴清洗，並用淘米水汆燙，千萬不要覺得這樣很麻煩，請務必享受一下如此能讓自己的心靜下來的過程。只要能照這樣燉芋頭，那麼連南瓜、竹筍都能如此燉煮。

另外，炒煮也是蔬菜的一種烹調法。金平牛蒡就是其中的代表。「金平」據說源自人形淨琉璃的主角坂田金平，他是挑著大斧的金太郎的兒子。牛蒡清脆的咬勁與辣椒辛辣的辣勁，似乎跟人的強健英勇相通。小心切法，注意不煮過頭，就能做出一道既潑辣又具咬勁的菜。

福岡的鄉土料理「筑前炊*」、蘿蔔乾、羊栖菜等，也是用炒煮方式。只要擅長金平牛蒡，就能做出各種炒煮的料理。

*雞肉炒過後，與紅蘿蔔、芋頭、蓮藕、牛蒡、蒟蒻等一起燉煮的料理。

〈基本的10道菜〉No.2

燉芋頭

基本的10道菜之2

材料（容易製作的分量）

20㎝鍋的分量

芋頭（8個左右）　800g

淘米水　適量（剛好蓋滿芋頭的程度）

第一道濾取的昆布柴魚高湯　1又½杯

砂糖（想要上點顏色就用黑砂糖）　2小匙

味醂　2大匙

薄鹽醬油　1大匙

柚子皮　適量

※紙蓋是烤盤紙。建議用紙蓋，是因為尺寸比木製落蓋容易吻合，又能輕輕蓋著、不損傷蔬菜，且讓湯汁對流良好地燜煮。希望味道濃一點時，就增加醬油的量。

作法

1. 大一點的芋頭，切成方便食用的大小。在乾燥狀態下去皮。若有時間，就切除尖角，將表面修圓，然後浸泡在水裡。從水裡撈出，撒少許鹽巴（分量外）搓洗，去掉黏性，再用水沖洗。
2. 將1汆燙。鍋裡放入1，倒入淘米水直到能蓋滿芋頭為止。用中火煮到稍微有點硬。瀝乾汆燙的水。
3. 將2放入芋頭不會堆疊在一起的大型鍋子裡，倒入高湯至八分滿。蓋上紙蓋，以稍強的中火煮5～6分鐘。湯煮開時轉小火，加入砂糖繼續煮5～6分鐘。
4. 將味醂、薄鹽醬油加入3，再煮25分鐘左右。當高湯煮到剩三分之一程度時，就關火靜置放涼。
5. 將4盛裝在器皿上，柚子皮切細絲後擺放在最上面。

金平牛蒡

我也做過無數次金平牛蒡，但就是比不上母親做的好吃。好吃的金平牛蒡是略帶濕潤、牛蒡絲切得薄細又充滿咬勁的。雖然可依個人喜好，但我的食譜是將牛蒡切成小細片。

材料（容易製作的分量）

牛蒡　1根
紅蘿蔔　半根
酒　2大匙
醬油　2小匙
味醂　1大匙
粉狀黑砂糖　1大匙
菜籽油（也可用芝麻油）　適量
磨好的芝麻　適量

作法

1. 牛蒡用鬃刷仔細洗淨，若有根鬚就去除。劃出十字形切口後切成小細片，浸泡在水裡。
2. 紅蘿蔔去皮，切成細絲，浸泡在水裡。
3. 分別放在濾網上瀝乾水分。鍋裡倒入油，以中強火炒紅蘿蔔。炒到微軟時，加入牛蒡繼續炒，加酒後燜煮3分鐘煮到開。
4. 當湯汁咕嘟咕嘟冒泡時，加入黑砂糖、醬油、味醂，轉中火將湯汁熬煮到蒸發掉九成為止。最後，裹上一層磨好的芝麻後關火，直接靜置放涼就很好吃。

第2章
擅長調理肉類

肉類靠**火候**大小的調整。
有時要火力強大，煮得發出咻咻聲。
有時則煮得溫和，一點也察覺不到。
有時要花時間，加熱或是冷卻。

40歲，才因牛肉而領悟

快40歲時，我才因牛肉而領悟。

去紐約居住時，抵達的第二天，雖然還沒決定住的地方，但不管怎樣都先去超市轉了一圈，也逛了曼哈頓的幾家店。

於是……忍不住，買了牛肉回來。這是我難忘的紐約最初購物。

在飯店房間附屬的廚房烹調。切除牛肉邊的脂肪，將平底鍋加熱到冒煙時煎牛肉的兩面，最後加上奶油。本來想滴上醬油，但後來是撒上法國蓋朗德鹽之花（Guerande）頂級鹽代替。

真好吃！是到目前為止自己煎過最好吃的牛肉。老王賣瓜，自賣自誇。

說起來，在超市一見鍾情的就是這紅通通的牛肉。可以請肉販切成自己喜歡的大小，因此切成了2㎝左右的厚片。上面還載明著「GRASS FED 3months」，並有USDA ORGANIC的標示。

意思是「以有機牧草飼養，出生後3個月的小牛」。

由於日本只特別標示產地和等級，我這才恍然大悟，而且感動不已。原來吃什麼長大的才真正重要啊！比出自哪裡還更重要。

這是在紐約嘗到很棒的煎牛肉滋味才體會到的，也才發現自己以往根本什麼都不懂。

嫩煎雞腿肉

以平底鍋就能煎出理想的雞腿肉，趁鍋未熱時開始煎，就能把皮煎得酥脆，裡面的肉卻鮮嫩多汁。這原本是用磚塊重壓去烤的食譜。

材料（2人份）
直徑22cm的平底鍋

雞腿肉　2片
※1片也是以同樣方法嫩煎。
鹽　適量
植物油　1小匙
配菜　紅色和黃色彩椒、菠菜
※也可使用青椒、蕪菁、白菜、高麗菜等。

作法

1. 以剪刀剪掉雞腿肉的筋與白色脂肪（圖A）
2. 平底鍋置於中強火上，抹油，將雞腿肉的皮朝下放入。加熱1分鐘左右，待雞腿肉出油，發出劈啪聲時翻面，將鹽巴撒在皮上，再次翻面將皮朝下，連肉的部分也撒鹽，然後鋪一層錫箔紙，像壓重物般，上面擺放一只差不多大小的鍋子。如果鍋子太輕，就在裡面加水，燜煎3～4分鐘（圖B）。
3. 轉小火，再燜烤15分鐘左右（由於是用雞腿肉出的油，讓肉處於炸和燜烤的狀態，所以不至於焦掉，但還是要時時觀察）。
4. 拿掉重物，蓋著錫箔紙再燜煎5～6分鐘。翻面，讓肉的部分朝下，將火稍微開大一點，在空隙處鋪放彩椒，彩椒上也撒鹽，一起煎4～5分鐘。

※請仔細調整火候大小。取出雞腿肉後，以肉汁快速炒熟菠菜葉。炒好時不加鹽，淋一些醬油也很美味。

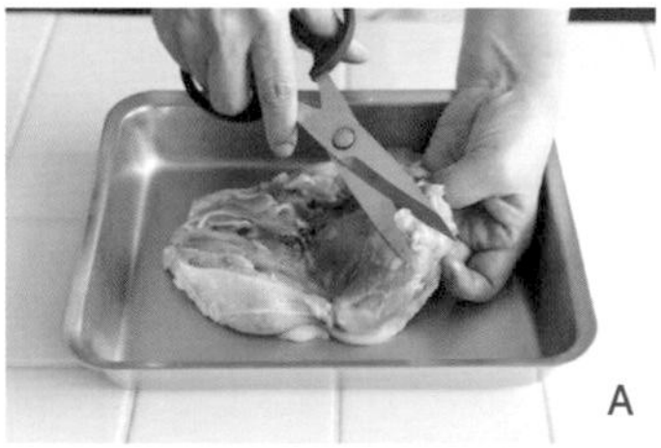
A

B

肉類靠火力大小的調整

大多數的肉牛，都是用穀物、飼料飼養的。只吃草的牛，本來就很少。據說，只吃草長大的牛隻，飽和脂肪酸會變少，而有很多瘦的紅肉，連具話題性的omega-3脂肪酸也變多。

之後我才知道，前面提到的那家超市的肉舖，是曼哈頓非常棒的店家，店裡幾乎所有的肉類都會標示飼養方式（例如，豬肉是MILKFED等）。

從那以後，我對美國肉品的美味算是開了眼界。雖然理所當然，但比進口日本的美國肉品還更好吃的肉，真的多得不得了。

在美國第一次煎牛肉的那天，飯店裡什麼都沒有，就只有一只鐵鑄平底鍋。正因為這樣，才能煎出一生難得一次的牛肉，嘗到令人感動的美味。

用鐵鑄平底鍋煎牛排是最棒的。雖然也能用氟樹脂（鐵氟龍）加工的鍋子煎，但如果你是無條件的牛排愛好者，就建議準備一只這樣的鍋子。

要將鐵鑄平底鍋加熱到冒煙非常快。我會在鍋裡抹喜歡的菜籽油或牛油，鋪上肉塊，暫時用大火，將肉的兩面煎到恰到好處，當表面帶點焦黃時轉小火，兩面再各煎3分鐘左右。建議煎到三分熟。若膽子夠大，就倒入紅酒，讓平底鍋裡燒出火燄煎「嫩煎牛排」（食譜在p.42）。

總之，我在紐約經常煮肉。只要決定不去日系超市，就會以當地食材做料理，因此每天菜單的九成都是肉和蔬菜，過著前所未有的嗜肉生活。

然後也學到，並非一切都要從熱好鍋的狀態開始煮菜。

突然用高溫煮，蛋白質會急速變硬，肉就會煮老、變硬。能烹調出鎖住肉汁、「表面香脆內部多汁」的牛排當然好，但希望整塊肉都煮得軟嫩時，就要「cold start（低溫啟動）」，從鍋子是冷的時候開始煮起。

例如薑汁燒肉，將肉片一下子放入燒熱的平底鍋中，肉的表面就會瞬間收縮變硬。肉片之間就會沾黏在一起，分不開。這樣很討厭吧！請試著從冷鍋開始煮，就能煮出軟嫩多汁的肉片。印象中，從冷鍋開始煮，不論是肉片或油都會慢慢散開，油的用量也會變少。

涮涮鍋也一樣，肉片突然丟進熱騰騰的湯汁中就會變硬，應該以80～90℃涮熟。若想用平底鍋煮肉醬和烤牛肉，就建議cold start。這時，就可以使用不適用於大火的鐵氟龍加工平底鍋煮。

就像烤豬肉，雖然希望整塊肉都確實烤透，但若想烤得多汁，就要從低溫開始，才能讓肉慢慢地均勻受熱。

不管怎樣，一旦開始烹煮，你希望煮到什麼程度？最終要煮成什麼樣子？請仔細想清楚後再開始煮。

依火力大小的調整會產生不同的結果，因此做菜不只是「煮」而已。

例如「煮雞肉」。突然將雞肉放入熱水中，肉質瞬間就會變硬。這樣連雞都會嚇一跳吧～真是的！因此，應該從冷水階段就放入雞肉後才加熱。趁雞都還沒察覺的狀態丟入水裡煮，就能煮出多汁柔嫩的雞肉。煮豬肉也一樣。

火力的調整是煮肉的關鍵，這是我在肉食之國——美國所學到的。

嫩煎牛排

鍋子加熱後開始煎！嫩煎牛排就是代表！

材料（2人份）

牛排肉　200g

※比起表面積，我更喜歡依厚度做選擇。小塊，但厚度夠厚即可。

鹽巴　適量

黑胡椒　適量

奶油　10g

☆配菜

馬鈴薯泥～將馬鈴薯連皮一起煮後去皮，輕輕搗碎，和鹽巴、牛奶一起放入食物處理器中，攪打成滑順的泥狀。也可依個人喜好，加入鮮奶油。考量健康，也可加入第一道昆布柴魚高湯和鹽巴調製，也很美味。

作法

1. 肉置於常溫下30～40分鐘。兩面都撒鹽巴、黑胡椒。
2. 平底鍋置於大火上，抹油（牛油或菜籽油、香味淡的芝麻油等），充分加熱。若是鐵鑄平底鍋，就加熱到看見冒煙為止。若是鐵氟龍鍋，就加熱到可看出油有熱起來的狀態。
3. 將1放入2裡，煎兩面。兩面都煎過後轉小火，以單面慢煎3分鐘為準（煎至三分熟）。最後加入奶油。

※若是鐵氟龍鍋，奶油要多加一點才能煎出漂亮的焦黃色。在取出肉塊的鍋裡倒入少許紅酒，加入醬油和芥末後製成醬汁，也很美味。煎四季豆等配菜時，不清洗鍋子，直接和肉汁一起煎煮。

和風烤牛肉

趁平底鍋還不熱時開始煎，肉就不會急速萎縮。這道菜我很擅長用鐵氟龍鍋製作，能煎出柔嫩多汁的牛肉。

材料

牛肉塊（里肌肉、後腿肉等）　500g
紅酒　1杯左右
洋蔥　1個
醬油　100mℓ
醋　60mℓ

作法

1. 牛肉塊放入方盤中，用紅酒浸漬3小時～一晚上。由於紅酒只泡到一半，為了避免肉質乾掉，請在上面覆蓋紙巾，中途上下翻面即可。
2. 平底鍋置於中火上，趁鍋還不熱時鋪上肉塊開始煎（圖片A）。煎到湯汁滲出時翻面。四個面分別煎2～3分鐘。
3. 轉小火，上面覆蓋錫箔紙，再分別燜煮3～4分鐘。
4. 將一半的紅酒醃漬汁放入另一個鍋子，加入切成薄片的洋蔥、醬油、醋，置於爐火上。煮沸時關火，放入熱騰騰的3，將洋蔥覆蓋在牛肉上，就這樣靜置放涼1小時左右。
5. 肉塊切片，一旁附上顆粒芥子醬、自己喜歡的蕪菁等蔬菜。

冷掉時變美味！擅長燉煮料理就是待客高手

愛爾蘭的鄉土料理中，有道「愛爾蘭燉肉」。這是不加奶油炒麵糊，很簡單的燉煮菜，據說當地的每個家庭都有這道食譜。我會知道這道菜，是因為姨媽經常做給我吃。原本用的是羊頸肉，姨媽卻改用牛肉燉煮，而且只加少量鹽巴，所以幾乎只吃到肉和蔬菜的味道。餐桌上，大家會依個人的喜好，撒鹽巴和黑胡椒來吃。

這道菜充滿原始風味，令人強烈感覺到肉的美味和馬鈴薯的香甜。如今我也經常做，那也是我燉肉的原點。

姨媽表示，做得好吃的訣竅就在於不要太早放鹽巴，而且要分時段燉煮。

因為太早放鹽巴，肉會變老。

而「分時段」的意思，就是燉1小時就關火，放涼1小時後，再燉煮1小時，而不是持續燉3小時。這樣燉煮出來的肉，會比持續燉3小時的還軟嫩，且能混入各種食材的味道而增加美味。

其實一開始的加熱，就會將食材的細胞膜和纖維破壞，使之容易入味，同時讓蔬菜和肉都釋出水分。食材在熱鍋中會釋出水分而變輕，所以菜熱的時候覺得湯汁特別多，就是這原因。

一旦冷卻下來，水分會再次移動。這時，從調味料和其他食材流出的美味成分也會滲入，這就是味道的交流。據說，大約在40～50℃左右會產生這種味道的交流。而進行好幾次這種交流，彼此的味道就會融合在一起而變美味。

這總令我想起泡澡。一泡入熱水中，身體的毛細孔就會張開，且泡得發脹。感覺連化妝水都能迅速被吸收。一站起來身體變涼，就會恢復原狀。若再進去泡熱水，毛細孔就會再張開。

如此就像食材在鍋中反覆一會兒熱一會兒冷的感覺。

在一定的時間慢慢加熱固然重要，但冷卻的步驟也同樣重要。

若能記住這個原則，燉煮就會很容易。舉例來說，早上將所有食材放入鍋裡加熱，以小火燉煮1小時↓出門（放涼）↓回家後再開火燉煮1小時↓做完家事（放涼）↓吃之前溫熱30分鐘。就我的經驗來說，這樣會比持續燉煮3小時，還更能煮出美味的燉煮料理。

此外，也推薦用烤箱製作燉煮料理。若連鍋子一起放入烤箱，就能以一定的溫度燉煮1、2小時。只燉煮番茄醬時，我會趁著做其他料理的空檔，將番茄切碎，放入烤箱中燉煮。

只要擅長燉煮，就能輕鬆招待客人。因為提前一天做好，反而變得更好吃。當天只要加熱，就是一道豪華的料理。

掌握住次頁的基本燉牛肉（p.46）後，只要更換一起燉煮的蔬菜，就能煮出不同口味。推薦燉煮葉菜類，譬如含豐富美味成分「穀胺酸」的高麗菜和白菜等。

或是將肉換成嫩羊肉或豬肉，最後加入番茄醬、八丁味噌等，只要稍微更換一下食材，就能變化出多種不同的料理。

基本的10道菜之3

燉牛肉

燉牛肉有各種不同風味，這道是非常經典的法式紅酒燉牛肉。紅酒燉煮法是非常傳統的食譜，還會加入少許的奶油炒麵糊（麵粉）。即使只以鹽巴調味，肉和蔬菜都具有深遂的滋味。

材料（4〜5人份，容易製作的分量）

牛腱肉　700g
芹菜、紅蘿蔔　各½根
馬鈴薯　1個
紅酒　1杯
橄欖油　1大匙
麵粉　2大匙
奶油　30g（分為10g與20g）
番茄　3個
洋蔥　3個
小洋蔥　7〜8個
鹽巴　2小匙（美味的天然鹽，嘗味道做調整）

作法

1. 芹菜去筋絲，紅蘿蔔、馬鈴薯去皮，切成1cm塊狀。將這些食材和紅酒放入方盤中，跟牛腱肉一起浸漬一晚（下圖）。

2. 平底鍋裡放入橄欖油和奶油（10g）以中火加熱，從1取出牛腱肉，以中火炒。炒到表面焦黃時取出。鍋子不清洗，直接炒醃漬好的蔬菜。炒到軟嫩時加入奶油（20g），整體裹上一層奶油後，再加入麵粉炒勻（這就是奶油炒麵糊）。
3. 洋蔥沿著纖維切成半月形薄片。在燉煮的鍋裡抹適量橄欖油，以中火將洋蔥炒至透明狀。將牛肉平鋪在洋蔥上（像鋪在洋蔥墊上），上面再鋪放2。
4. 除去番茄的蒂頭，上面劃出十字形切口，放在烤架或烤箱中烤2分鐘左右，去皮。
5. 將4鋪放在3上面後搗碎，這時加入紅酒醃漬汁，再加入去皮的小洋蔥、鹽巴，蓋上紙蓋，置於中火上。咕嘟咕嘟煮沸時，緊密地蓋上鍋蓋，以小火燉煮1小時（鹽分依個人喜好做調整）。
6. 關火，蓋著鍋蓋燜3〜6小時。
7. 由於最下層的洋蔥會變成泥狀，所以將整體很快混勻再放到小火上，煮1小時後關火，就這樣放涼。
8. 要吃的時候再加熱，但注意不要燒焦。

※放涼時會入味，因此靜置慢慢放涼很重要。暫時關火進行冷卻的步驟，這會比持續煮2小時還重要。

燉牛肉

喜歡軟嫩的肉!?

大家似乎都喜歡軟嫩的肉。因此，為了避免讓肉有急遽的溫度變化，會早點從冰箱拿出來回溫（尤其是牛排等）。事先花時間去除筋的部分、劃幾處切口等步驟，雖然容易忘記，但很有效果。另外就是注意火力大小的調整，不要急速地加熱。

若要更進一步讓肉煮得軟嫩，就要靠醃漬了。話雖如此，但「究竟要以什麼醃漬最有效果呢？」似乎眾說紛紜。

有關這類的資訊很多，每種說法都能強烈感受到「不管怎樣就是希望煮得軟嫩」的結論。

以前，在醋的研討會中，對於「醋能有效使肉變軟嗎？」的提問，台上的研究者曾回答說「能促進肉的分離」。意思是有助於變軟，但他並沒有正面答覆說：「會使肉變軟。」

我會用酒、紅酒、酒糟、甜酒、醋、優格、蘋果泥，或是混合這些材料來醃肉，也有達到使肉變柔嫩的效果。另外，醃漬醋具有保持水分，事先補足烹煮時被吸乾水分的效果。此外，我也常以分解蛋白酵素能力很強的鳳梨、奇異果、木瓜搭配豬肉，不但能使肉變軟嫩，味道也很合。

醃漬不只能使肉變軟，希望煮出濃郁味道、溫和地增添風味時，就一定要醃漬。

有時，也會想要將具咬勁的肉煮得很韌，我也喜歡這種咬起來齒頰留香的美味。

在家不做炸的料理，但想要做炸雞

開了烹飪課之後我才發現，還真多人不想在家裡做炸的料理。

有人是嫌事前準備和事後收拾很麻煩，有的人則是覺得很危險。

可是，偏偏這樣的人又喜歡吃炸的東西。

「在家不做炸的料理，可是想做炸雞塊～」

嗯嗯，5、6塊炸雞塊正好可以解決這個問題。剛好將一支雞腿剁成5、6塊，以少量的油炸。

或許一次炸好很多雞塊比較好吃，但我還是覺得「只有吃剛炸出來的，最幸福」。

而且，可以用高10～12cm、直徑15cm左右的小鍋來炸。因為小鍋不像平底鍋會油花四濺，而且從低溫開始炸，不易燙傷。

食譜上會說明，為了炸出多汁、風味絕佳的雞塊，事先要醃漬一晚。請試著用醋搭配酒、甜酒搭配醬油、紅酒搭配伍斯特醬等，各種不同材料來調製醃漬汁。

這道食譜的剩油不多，請裝在小瓶子裡，在2、3天之內用來炒菜。

※從低溫開始炸。持續用中火，當油溫慢慢升高時，邊翻面就能炸好。即使不炸第二次，也能炸得酥脆。

5、6個炸雞塊

材料（2人份）
雞腿肉　1支，約300g
紅酒　60 mℓ
醋　2大匙
醬油　1大匙
味醂　1大匙
太白粉　2大匙
炸油　適量

作法

1. 雞腿肉切稍大塊（1支切成5、6塊）。浸漬在紅酒和醋裡，大約1小時～一整晚。
2. 小鍋（鐵氟龍鍋等）裡放入5～6 cm的油，開中火。
3. 很快瀝乾1的醃漬汁，將醬油、味醂放入碗裡混勻後放入雞肉，整個搓揉使之入味，撒入太白粉。
4. （放入竹筷試油溫，有少許氣泡產生時）將3放入2中，以中火直接炸。油溫慢慢上升後會產生氣泡，大約炸12～13分鐘，直到全部呈焦黃色。中途要邊翻面邊炸。
5. 盛裝在濾網上，把油充分瀝乾。

※盛裝在紙上會黏紙，所以要注意。要炸之前才調好味道，因此雞肉買回來就先浸泡在紅酒和醋裡。隔天看心情，看要直接燒煮或用油炸，這樣做菜就會很輕鬆。

糖漬加州梅雞肝

喜歡吃動物的肝臟嗎？

我在課堂教學時的人氣食譜中，有道Terrine de Campagne（盛在長方形「terrine」容器裡的法式鄉村肉醬），一般稱為「terri cam」。製作這道肉醬時，我一定會教大家的，就是去肝臟血水的方法。

將一般的肝處理成白肝，不，就是進行肥肝（foie gras）的事前處理！這樣連非常討厭吃肝臟的人也會變喜歡。

其實，我也曾經不太敢吃肝臟。長崎有家以餃子出名的小店，名叫「ＵＲ亭」。當地人在店裡最愛的一道菜，就是烤肝臟。將豬（還是牛？）的肝臟切成薄片，以醬汁醃漬入味再燒烤。只要去那家店，所有人都會點這道菜大飽口福。我卻怎樣都沒辦法接受，只好坦白說，我不太敢吃肝臟。

來東京後，我初次嘗到了Lohmeyer的肝醬，那是我姨媽家的常備食品。

因為太好吃了！我吃了很多，差點流鼻血。於是我就想：「我要做做看！」

從那以後超過20年，經過不斷的嘗試錯誤，終於摸索到去血水的技巧（笑）。

在翡冷翠報名料理學校上的某堂課，是我領悟的契機。學做托斯卡尼風Crostini（麵包片上塗抹肝醬的前菜）時，老師說：「看得到肝臟的血水，去沖乾淨。」當時我並沒有很用心地去血水，但從中得到了很大的啟發。

深奧的道理就在「看得見血水」這句話。

如今，肝醬也是我的拿手好菜了。

不敢吃肝臟的人一定要試看看，把對造血和骨頭都有好處的肝臟當成老後的本錢。

糖漬加州梅雞肝（p.51）

材料

容易製作的分量

（4～5人份）

雞肝　400g

紅酒（或清酒）

100mℓ

粉狀黑砂糖　2大匙

加州梅（去籽）　8粒左右，對半撕開

醬油　2大匙

芥菜籽　適量

作法

1. 雞肝充分去血水。放在濾網上瀝乾水分，放入碗裡，先倒入一半分量的紅酒（50mℓ）。靜置於冰箱30分鐘～半天。
2. 鍋裡塗油（分量外），以中火炒1。（這時倒掉剩下的紅酒醃漬汁）。全部變得泛白時，加入調味料和剩下的紅酒、加州梅，蓋上紙蓋，燉煮10分鐘左右，關火後連同湯汁一起放涼。盛裝在器皿裡，撒上芥菜籽（如果沒有也可撒芝麻等）。

A

B

C

肝臟去血水

1. 將肝臟切成比方便食用的大小略大的塊狀。尤其是白色脂肪附近有血管，一邊切除脂肪，一邊從那裡切開即可。
2. 放入碗裡，以足夠的水浸泡，全部繞圈似地輕輕攪動，感覺碗裡就像個流動的泳池。（圖A）
3. 去除呈筋狀的血管。（圖B）
4. 邊換清水，邊重複步驟2三次左右。直到最後，肝臟泡在清水裡水也不會變混濁，而肝臟有點泛白為止。（圖C）

※要一起放入心臟（圓錐形內臟）時，將心臟從中間縱向剖開，就可以簡單取出血塊。

擅長肉類的冷凍保存法

老說「冷凍是遺忘裝置」的我，真的常忘記冷凍室中的食物，因此不會是冷凍狂人。

冷凍室裡通常被白味噌、生麵條、咖啡豆、抹茶、冷凍蝦、蔬菜濃湯、山椒粉、冰淇淋之類的東西占據。

只有肉類是偶爾冷凍，而且會先炒過或醃酒後冷凍，比起直接冷凍，我覺得這樣比較不會減損風味，也方便使用。

不管哪一種，都請在兩週內用完。懇請大家別忘了。

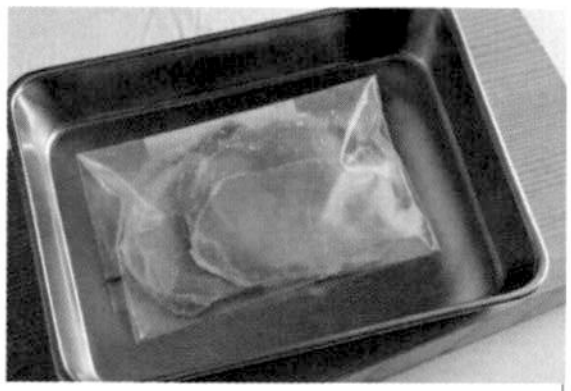

薄肉片（做薑燒或涮涮鍋用）

用日本酒醃漬，盡可能去除空氣後冷凍起來。在冷藏庫解凍，若是煮湯，就可連醃漬的酒一起下鍋。

肉塊（豬肉）

將肉塊汆燙後，連湯汁一起冷凍起來。連湯汁一起解凍後使用。也可切成方便使用的大小冷凍。

絞肉

絞肉是調味後炒過再冷凍起來。也可用稍多的鹽、胡椒醃漬。或是用醬油、伍斯特醬等先炒過。

平底鍋香煎香草秋刀魚

第3章 擅長調理魚

一開始一定要做一件事。
花極少的時間與智慧，
讓食物一下子就變美味。
大家都會羨慕嫉妒，
擅長調理魚就是料理高手。

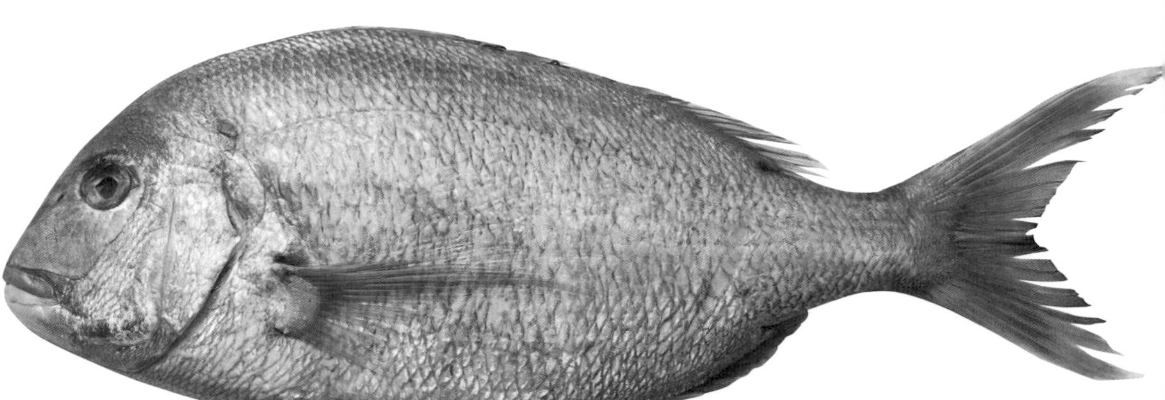

擅長調理魚就是料理高手

常有人問我：拿手菜是什麼呢？如果問哪首是我的主打歌，就能立即回答，但要挑最擅長哪道菜就很為難。不過對我而言，毫無疑問的拿手菜之一就是紅燒鰤魚。結婚前，第一次端出來請對方吃的料理就是紅燒鰤魚，由此可知我擅長的程度。當時的季節正好是冬天。去採購時，若有很棒的鰤魚剩料，我都會大叫一聲：「找到了！」

可是，當時等著我這女友做飯來給他吃的男友，看到滿滿一大鍋的紅燒鰤魚，卻相當失望。他心裡八成想著更可愛的菜單吧！我開玩笑說：「啊！這不是你想要我做給你吃的嗎？」

之前，男友好像一直認為我完全不會做菜。可是因為這一鍋，他徹底改觀認為：「該不會女友很會做菜？」但他好像覺得，我做「紅燒鰤魚」是不得已的選擇，因為那時他剛在中國吃了水煮河魚而受不了那魚腥味。沒想到過沒多久，就完全被沒魚腥味且煮得濃郁的紅燒鰤魚感動。

若能做出那麼精緻的魚料理（即使不是紅燒鰤魚），那麼光這一道菜，就會讓人覺得「該不會是真正的料理高手吧」！畢竟，從魚身上也能得到季節性感受的樂趣，現在這也算是一種涵養。

不擅長魚料理的人好像很多，但只要記住幾項事前處理的要訣，其實非常簡單。以下是烹調時間短又輕鬆的料理，請拋掉料理魚是高難度的想法，試做看看吧！

竹筴魚丸湯

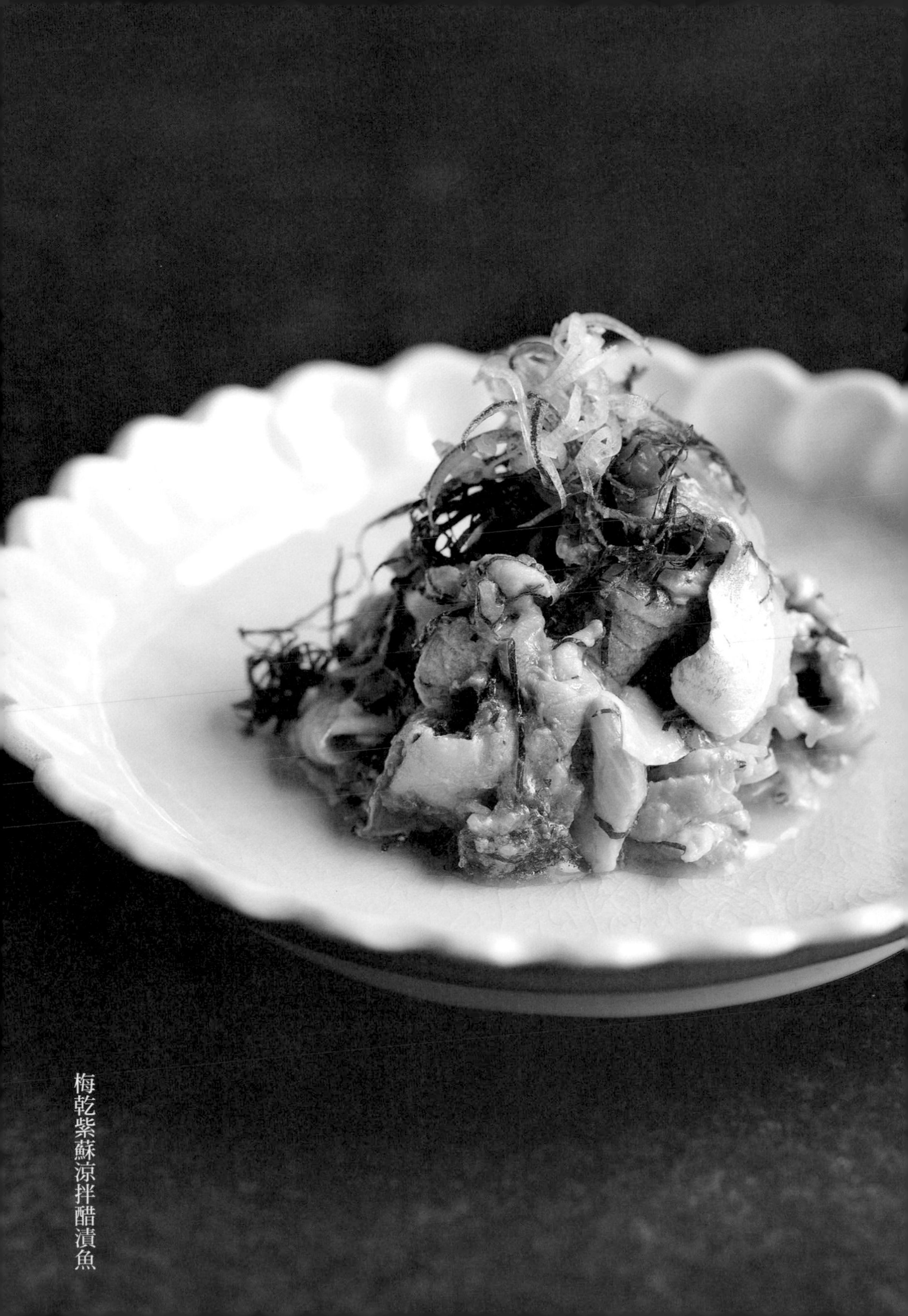

梅乾紫蘇涼拌醋漬魚

竹筴魚丸湯

材料（約3～4人份）
竹筴魚　中型3尾
鹽巴　1小匙
青紫蘇　5片
太白粉　1大匙
油　少量
※香味柔和的太白芝麻油等

●湯底
高湯（以昆布和柴魚煮的第一道湯汁）　600㎖
鹽巴　½小匙
薄鹽醬油　½小匙
味醂　½小匙

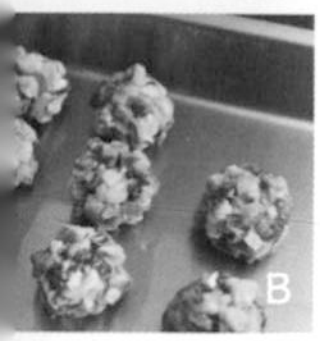

竹筴魚不要用菜刀拍打得太細碎，用最少量的太白粉勾芡，做成能令人強烈感覺吃得到竹筴魚肉的丸子。正因為是這麼簡單的料理，才能以一道菜讓人另眼相看。如果很難自行將竹筴魚剖成3片，就請魚販代勞。例如這裡的兩道料理，去皮（剝皮）時，不刮去魚鱗會比較容易剝除。

作法
1. 將剖開成3片的竹筴魚，以拔刺夾小心拔掉中間的魚骨。不要切成太細的碎肉，而是切成骰子狀的小丁塊（圖A）。不要用菜刀拍打。
2. 青紫蘇切碎，將其中約3片的分量，與鹽巴、太白粉一起加入竹筴魚肉中很快混勻。手上抹油，將混勻的材料揉成直徑2cm左右的丸子。大一點會比較好吃（圖B）。
3. 準備湯底。鍋裡放入第一道高湯，加熱後加入調味料調味。這時要留下一些高湯，萬一味道太濃，就可以做最後的調整。
4. 將丸子弄圓，並快速放入充分煮沸的3中。
5. 盛裝在木碗裡，以剩下的青紫蘇做裝飾。

※鰤魚丸也是以同樣的要領製作，非常美味。

●梅乾紫蘇涼拌醋漬魚

竹筴魚　2尾
米醋　2大匙
梅乾　1個
蘘荷　½根
生薑　1塊
青紫蘇　3片

作法
1. 將鹽巴（分量外）撒在剖成3片、當生魚片用的竹筴魚（去骨）上，靜置10分鐘左右。竹筴魚會像出汗般滲出水，將這些水分輕輕擦乾。接著浸泡在醋裡。醋的分量，差不多讓魚片稍微露出即可（圖A）。蓋上乾淨白布或紙巾，放入冰箱靜置20分鐘左右。
2. 魚去皮（醃了醋就很容易剝除），斜切薄片。厚度約7㎜。想像一下口感，厚薄依個人喜好而定。
3. 將梅乾的果肉拍碎。紫蘇切細絲，生薑切碎末，蘘荷切成薄圓片（在竹筴魚泡醋期間先處理好）。將3放入2中拌勻，留少許蘘荷放在最上面。

一週烤兩次魚!? 所以更要簡單製作

容我自誇一下，我很擅長料理魚，但對方要無條件是吃烤魚的饕客才行。真想要烤得美味，最好燒炭火，將上好新鮮的魚離火遠一點烤。可是，在家往往無法這樣做，烤架的收拾也很麻煩。

我經常用平底鍋煎，為了連皮煎得酥脆，我會薄撒一層麵粉。以下介紹煎秋刀魚的方式，也可用於煎沙丁魚、竹筴魚等。連切成塊狀的鰤魚、白鮭、旗魚都能這樣煎。由於煎的時間短，因此建議用鐵氟龍鍋（需要長時間用高溫煮的就不適合）。整條的鰤魚和鯛魚就要用烤架烤。

平底鍋香煎香草秋刀魚（p.55）

不論是煎秋刀魚、沙丁魚、鰤魚都很美味。作法簡單又不辛苦，一想到就能立刻製作，同時也能讓人感受到季節性。

材料（約2人份）

秋刀魚　依人數（這裡是2尾）

麵粉　2小匙左右

鹽巴　適量

黑胡椒　適量

百里香（生鮮）　3～4枝（如果沒有，也可用乾燥的粉末）

荷蘭芹　適量

※可依個人喜好加入迷迭香、蒔蘿等。

橄欖油　2小匙

作法

1. 秋刀魚去頭，從正中央橫切成2等份（這時，如果喜歡內臟的苦味就保留，不喜歡的話就取出，將魚腹內清洗乾淨）。
2. 鹽巴稍微撒多一點。靜置5～6分鐘，出水之後很快擦乾。拍上一層很薄的麵粉（圖A）。
3. 將油放入平底鍋開中火，趁鍋子還未熱時放入百里香（留一點當最後的裝飾用），當百里香周邊炒得有點焦黃時，將秋刀魚排列放入。慢慢煎烤，直到兩面的皮變得酥脆為止。
   ※注意若放入很熱的鍋裡，只有皮會焦掉、剝落。
4. 最後，撒入鹽巴、黑胡椒。避開煎焦的百里香，將秋刀魚盛裝到盤裡，最上面放上切碎的荷蘭芹、預留的百里香當裝飾。

A

梅子燉沙丁魚

紅燒鰤魚

梅子燉沙丁魚 （p.62）

家常菜之一。為了去除沙丁魚的腥味，一定要經過充分洗掉血水、快速燙熱水這兩道步驟。加醋後再燙熱水會更加美味。

材料（2人份）

沙丁魚（肥碩一點的）　8尾

醋　50㎖

梅乾　2～3個

醬油　80㎖～

酒　150㎖

粉狀黑砂糖　½杯

味醂　3大匙

煮高湯後不要的昆布（如果有的話）

※注意，調味料要看鍋子的大小做調整。這裡是用直徑20cm的鍋子煮。

作法

1. 沙丁魚去頭，用手拉開腹部取出內臟。可以看到身體中央的魚骨附近，有像血管的東西，將這些血水徹底用水清洗乾淨。之後排列在方盤裡，充分撒上鹽巴（分量外）（圖A）放入冰箱。
2. 大約靜置10～15分鐘後會滲出水，很快地沖洗一下，以紙巾好好擦乾。將沙丁魚放入鍋裡，加醋，並倒入足以覆蓋住魚的水量（分量外），以中火煮，煮沸時倒掉這些醋水。注意不要弄破魚皮。
3. 在倒掉醋水的鍋裡加入酒、黑砂糖、梅乾（去籽後，將果肉撕成2、3片），將煮完高湯後不要的昆布當蓋子（沒有的話就用紙蓋），以中火燉煮。煮沸時加入八成的醬油和味醂，再次煮沸後轉小火，嘗湯汁的味道，以醬油調味，再煮10分鐘後關火，就這樣放涼。

擅長煮魚

～青魚從冷湯汁煮起，白肉魚從熱湯汁煮起～

若是青魚，請將已處理好的魚排列在鍋裡，加入湯汁後置於爐火上。

將鍋子置於周邊會冒出火苗程度的中強火上，從冷的狀態開始煮。不要忘了落蓋。

若是白肉魚，鍋裡倒入湯汁後置於爐火上，煮沸時將處理好的魚排列放到鍋裡燉煮。即使外表變茶色，裡面仍然純白，會煮得很柔嫩。

不論哪種魚，冷卻的時間都很重要，在放涼過程中就會入味。

紅燒鰤魚（p.63）

這是我家冬季的拿手菜。若能做好充分洗淨血水、燙熱水的事前處理，不但不會有魚腥味，還能充分品嘗鰤魚的美味。最近據魚販說，因為很少人煮魚剩料（魚頭等切掉不要的部分），這些都賣不出去了。只要稍微加把勁，這就是一道好吃又省錢的家常菜。

★有關分量

購買魚剩料時，很難估算分量，因為與鍋子的大小有關，所以這裡是參考的分量。

※以直徑24cm的行平鍋*烹煮為例。

材料（約4人份）

鰤魚剩料　800g（若有些魚下巴、魚骨、魚腹側的肉會更好吃）

生薑　2塊（20g）

酒　300mℓ

水　100mℓ

粉狀黑砂糖（沒有的話就用砂糖）　120~150g

醬油　50~60mℓ

味醂　2大匙（一開始）＋2大匙

作法

1. 用水將血水洗淨，將魚剩料徹底清洗乾淨。由於看得到血管，所以要輕輕壓除。（參考p.67）
2. 切成容易食用的大小。用剪刀剪比較容易。排列在網勺或濾網裡，澆熱水。魚剩料整個用熱水澆淋過後，會變得像霜降肉，而且能將皮與肉之間的脂肪燙熟。充分瀝乾水分（由於是熱水，所以會蒸發掉，但要注意不要將有腥味的水帶進鍋內）。
3. 鍋裡放入魚剩料和拍碎的生薑，酒和水以3：1的比例加入，直到材料稍微露出為止，然後加熱。用煮高湯後不要的昆布或紙當落蓋，以比中火稍強一點的火煮到沸騰。煮沸時，加入黑砂糖和味醂，大約燜煮10分鐘後加醬油，再次煮沸時，嘗湯汁的味道，以醬油做調整。最後，再次加入味醂。
4. 再次煮到咕嘟咕嘟時關火，就這樣放到涼（最好能放涼1小時），要吃之前再加熱。

調味料偏甜，請在冷卻過程中等待入味

煮魚的調味料，不要一開始就全部放入。尤其是醬油，要最後加入。一開始味道偏甜，請嘗味後酌加醬油，在甜味較淡時再關火，然後放涼等待入味。再次加熱時，要再嘗一次湯汁的味道做調整。尤其是煮魚時，若太早放醬油，味道太鹹就無法補救，魚肉還會變硬。我喜歡煮得甜一點，不想有過多的醬油味，所以會在最後小心調整醬油的分量。

*相傳是平安時代在原行平所發明，鍋具外型源自有鍋嘴、把手與鍋蓋的土鍋，加上工匠將鋁製鍋身打造出白雪般的圖案，因此也稱為雪平鍋。

事前處理占八成。魚料理最重要的，就是一開始的處理

在專業界，魚料理有這樣的排序：生魚片、蒸魚、烤魚、炸魚、紅燒魚。能夠生吃、做成生魚片的魚是最棒的。若無法做成生魚片，就用蒸的，若也不能用蒸的，就用烤的或炸的。

在住家附近買魚時，如果魚販說可以做成生魚片，我都只打算拿來烤。

一般的魚市場，畢竟還是比專家採購的市場低一、二級。以下就來介紹，將一般採買的魚變好吃的事前處理方式。

舉例來說，煮魚多半會加入生薑與梅乾去除腥味。但即便不加這些，也能煮出沒腥味、好吃的魚。其實，只要殘留著腥味，就算加了生薑和梅乾也掩蓋不了。

為了避免這種情況，就要好好對付魚腥味。換言之，就是做好事前的處理工作。如果所處的環境無法天天買到最新鮮的魚，那麼能否做好魚料理，事前處理可說就占了七、八成。

魚腥味的原因，就是血水和脂肪

生鮮的魚片和整條魚會變臭，原因就出在血水和脂肪。生魚片是以能做成生食的鮮度來排除魚的血水與脂肪，因此沒有腥味。急著想做魚料理時，就可以購買生魚片（雖然售價有點貴，不過拿生魚片來做燒烤或清蒸，幾乎不需要任何的事前處理）。

魚的腥味來自血水和脂肪。除了撒鹽巴外，想要去除魚腥味還有以下4種方法。

・水洗　・澆熱水

・燙熱水　・燒烤

水洗

民間有種說法，將沙丁魚清洗百遍也會變鯛魚。而母親也曾叮嚀我，魚不能洗得太過頭。那麼，什麼時候要徹底清洗呢？就是希望充分去除血水多的部位時，這類魚的血管都能清楚看到。要將眼睛看得到的血水清洗乾淨。

取出沙丁魚和鯖魚的內臟，就能看到血管（圖C）。鰤魚也有看得到血管的部位（圖A、B）。

A

B

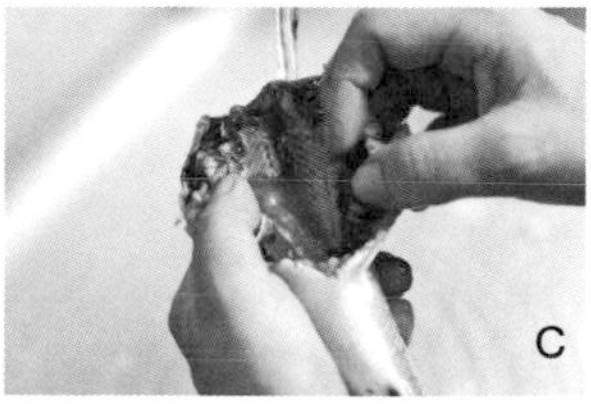
C

澆熱水

要放入鍋中料理（圖A），或是鮭魚等帶皮處總有腥味的魚，就要先澆淋熱水，吃起來才會美味。魚皮與魚肉間薄薄的脂肪也有腥味，所以要去除這種腥味就澆熱水吧。

此外，血水多、骨與皮多的青魚剩料（圖B）也一樣。

A

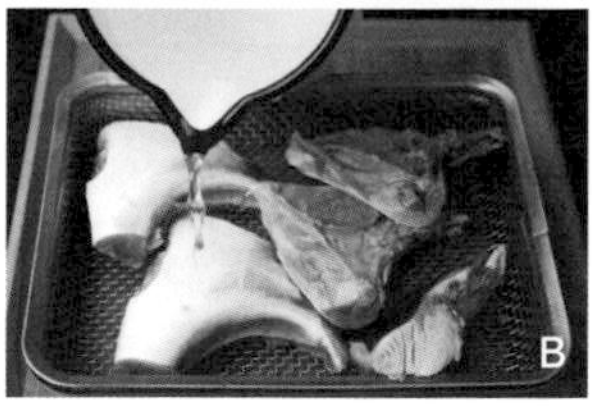
B

燙熱水

時間比氽燙短一點，即使只是很快燙一下，腥臭的脂肪和未洗乾淨的血水都能去除。

想將油脂腥味較重的魚做得較爽口時，這招也有效。有時，我會在熱水中加入少許的醋再燙。（參考 p.64）

燒烤

舉例來說，雖是白肉卻有獨特腥味的鯛魚剩料。若事先以烤架或平底鍋很快燒烤一下，就能逼出腥臭的多餘油脂，連血水也烤乾後，就不會有腥臭味（圖A）。

此外像鯖魚等青魚類的，也能以平底鍋燒烤來逼出油脂。將這些油脂擦乾淨後燉煮，就不會有腥味（圖B）。想要簡單地事前處理時，這招還滿有效的。

A

B

貝類的事前處理

蛤蜊是海之子，蜆仔是湖之子，要浸泡在近似它生活環境的水裡吐沙。即蛤蜊用海水（約5％鹽分的鹹水），蜆仔則用淡水或淡鹽水（也有棲息在半鹹水中的蜆仔）浸泡。

由於要給它們足夠吐氣的空間，若放在圓形碗裡，水就不要加得太深，並經常攪動一下換換位置。也可放在方形盤裡，泡在八分滿的水裡吐沙（圖A）。

也建議將蜆仔冷凍。裝入保鮮袋等冷凍起來，使用時直接放入熱水中，加熱到殼打開為止（圖B）。

似乎也有人生吃生魚片用的扇貝，但真的只要花點時間，就能做得像壽司店的干貝生魚片那樣軟嫩、結實有彈性。在60℃左右的熱水中，很快地涮5秒鐘左右。以稍微燙一下而非煮透的感覺，就能涮出比完全生吃還美味的干貝生魚片。

這種事前處理方式，也很適合磯邊燒*等稍微烤過後食用的料理。此外若是用醃漬的，就淋白酒後靜置一下，使之入味，也會很美味。煙燻鮭魚也一樣，若事先淋酒，就能去除多餘的脂肪和腥臭。當然也可以直接燻烤，但這是為了能做得更好吃的必要工夫。

*用海苔將食材包裹起來的料理。

去除蝦子的腥味吧！

大家都很喜歡吃蝦子。蝦子大致可分成游得很快的跟跑得很快的。前者以明蝦和能迅速潛入深處的甜蝦等為主，後者的代表則是伊勢龍蝦。

從長崎運來的伊勢龍蝦送到我家時，就在走廊大搖大擺跑了起來，把都市人老公嚇得到處亂竄。如此活力十足的蝦子，請立刻吃下肚才最美味。

這裡要介紹的是大量上市的冷凍蝦，要如何做事前處理，才能吃到牠們的美味。

這種蝦子簡單用炒的或是煮成料理，還是嘗得到腥味。

蝦子既沒血也沒脂肪，為何會有腥味呢？因為活蝦身上的髒東西和排泄物，會形成黏液和腥臭。蝦背的腸泥是排泄物，大部分的人都知道要清除，但其實連蝦殼和蝦腳裡的細微髒東西，也應該清乾淨。若要去殼後使用，就剝掉殼後再進行處理。

只要充分做好事前處理，單單汆燙或炒一下，蝦子就是美味的一道菜。

●解凍方式

先將冷凍蝦泡在鹽水中，再放入冰箱解凍。這樣就算放24小時也沒關係。

●連蝦殼一起使用時

若要連殼一起使用，就建議用活蝦。

買不到活蝦時，就用以下的方式事前處理冷凍蝦。

1. 浸泡鹽水。（20分鐘～）
2. 輕輕撒上太白粉，將蝦腳和關節的髒垢清乾淨。

●剝除蝦殼使用時的事前處理

1. 去蝦殼，取出背部的腸泥。
2. 撒鹽巴清洗。
為了清除黏液，先整體撒鹽巴後輕輕搓揉，並用水沖乾淨（圖A）。
3. 加入太白粉清洗。
以顆粒很細的太白粉，清除殘留的髒汙和黏液。將太白粉撒在蝦仁上（圖B），輕輕搓揉。只要倒入水，就能看到髒汙浮在水面上。倒掉髒水（圖C），便完成了事前處理。

※要以這狀態進行保存時，只需淋酒後放入冰箱，就能保存1天。
※冷凍蝦不宜再次冷凍。

核桃蝦仁芹菜沙拉

材料（2人份）
蝦子（草蝦等）　6尾
芹菜（白色部分）　1枝
A
- 美乃滋　3大匙
- 優格　1大匙
- 檸檬汁　1小匙

黑胡椒　適量
核桃　10粒（分成4等份）

作法
1. 芹菜去筋，斜切成薄片。蝦子依上述方法進行事前處理。鍋裡加水和一小撮鹽巴後，放入蝦子汆燙。
2. 將A混勻。1和核桃一起混合後，以A拌勻。沙拉完成時，撒上黑胡椒。

為何日本的魚很美味呢？

即使是巴黎的星級餐廳，也很在意魚的腥味。因此他們會加油、花心思在醬汁上，並搭配香草與香料做料理。

魚腥味取決於魚一捕撈上來後，即時的處理方式。意義重大的事前處理如果一開始就出錯，自然會有魚腥味。

在日本，通常漁獲一捕撈上來，就立刻讓牠成佛。換言之，就是宰殺。依魚種不同，有活締、野締*幾種不同的殺魚方式。總之，就是讓魚立即死去。以前，也聽過這樣的殺魚方法，將大型魚的魚頭用力往甲板上摔，使其引發腦震盪而死亡。

從被捕獲到宰殺之間，若相隔一段時間，魚也會思考各種事情。啊，希望能回到快樂的那時候，為什麼會被捕撈？若糾結於這種心情，就會產生悔恨，漸漸出現痛苦。這就是壓力。這類情緒會支配魚的身體，使魚（肉）變得不好吃。

科學上也證實，魚一離開水就會極端痛苦，體內便累積疲勞物質，且體溫急速上升，鮮度也立刻下降。此外，據說累積疲勞的同時，魚的鮮味也會減少。

基本上，活締都是用在大型魚，即切斷其延腦，也切斷其尾巴的神經（關於這點有各種說法），然後放血。小型魚大都大量處理，所以會一口氣將牠們埋入冰塊中進行野締。

魚的鮮味成分是肌苷酸等，據說魚在死後才會生成這些成分。也有人說這是熟成。因此，為了在吃的時候將魚體內的鮮味成分調整到最大，締魚的技術也逐年在進化。將魚死後開始僵硬的時間往後延遲，締結防止鮮味流出的神經（將高拉力鋼線等刺入神經的方式），或是讓魚活著卻不會活蹦亂跳地搬運至市場宰殺，這方法也有導入特殊工具而進行瞬間的「瞬締」等。

藉由如此獨特的專業性出貨前工作，日本創造出比捕獲時還更美味、具附加價值的鮮魚。這就是日本值得誇耀的魚文化。

住在紐約時，我不曾做過鮪魚排以外的魚料理。不論紅燒或燉煮，白肉魚或青魚都有腥味，對我這個日本的長崎人來說難以接受。

那時，得知美國有位頂級廚師正在推廣這種日本式的活締技術。他本人就是在日本吃到美味的魚深受感動，因此希望進到自己店裡的魚是以活締方式宰殺，所以指導漁夫，並與他們訂定契約。難怪他能做出生鮮的比目魚薄片只佐以新鮮橙醬和鹽巴，就令人驚嘆的料理。

我們祖先十分熟悉美味吃魚的方法。日本是獲得世界認可、能吃到世上第一美味的魚的國家。所以，沒有不吃魚的道理。

順便提一下，我從以前就被教導「放入魚簍裡的活魚」不好吃，但經常有店家強調「魚簍裡的是活魚，所以新鮮」。事實上，放在店裡的魚簍或水槽這種地方的魚，每天眼睜睜看著同類被吃掉，不就會變成充滿壓力的魚？而本來生活在幽暗深海裡的伊勢龍蝦也是水槽的常客，每次看到牠們僵硬地縮在燈光明亮店裡的水槽邊，就覺得很可憐。

說個題外話，從前我家的廚師曾哀號地說：「好像水槽的死魚！」水槽的死魚是指在水槽裡死掉的魚，他的意思是，好像吃到水槽裡的死魚般難吃，不，應該是比水槽裡的死魚還難吃吧！

＊在日本，宰殺魚不叫「殺」魚，而叫「締」魚。活締是將魚麻痺後，使之迅速處於腦死狀態，再進行放血來保持鮮度的方法；而捕獲後使之自然死去的方法，則稱為「野締」。

注意魚的肛門！

總之，魚要向賣得快的魚販購買。這種攤商因為客人多，就會不斷進新的魚。可能的話，平常就要在市場（中央鮮魚市場）開張的日子去買，因為魚最重要的就是新鮮度。

一般越是小魚，新鮮度越重要，竹筴魚、丁香魚、西太公魚、沙鮻等，都是要立刻做料理的魚。

另外，也有像鮪魚般，要經過一段時間熟成才會好吃的魚。

以前，銀座有間名叫「きよ田」的壽司店（如今已變成另一家店），店老闆會教大家「今天是第四天，明天才是最棒的」等，各種有關等待鮪魚熟成的知識。但我家附近的店和超市，都沒有這種「太過新鮮而令人煩惱」的魚。

若是一整條魚（有魚頭的），分辨方法就是看光亮度。尤其是多半要整條購買的竹筴魚、秋刀魚等青魚，就要觀察牠們的青線是否美麗、紋路是否清楚、是否有光澤等。請好好觀察鯖魚的波浪狀花紋，或是常在秋刀魚身上看到的青格紋狀花紋。

若是魚鱗多的魚，就要選魚鱗緊密、無脫落或突塊的。三線磯鱸、馬頭魚等魚嘴微微張開的模樣很可愛，但還是選嘴巴閉起來的比較好。

順帶一提，京都人最喜歡的魚類是馬頭魚，總覺得很可愛。

此外，「眼睛」也很重要。避免選白色混濁、好像看不見前方的魚眼。鯛魚、石狗公等大型魚，若是翻開魚鰓來做選擇，就要選顏色鮮紅的才新鮮。

我最注意觀察的是肛門，即魚下腹部最尾端的小型排泄孔。我不會買從這裡有排出東西的魚。

要選擇排泄孔緊實到看不太出來，色澤也和其他部位沒太大不同的魚。

包裝好的切塊魚，往往很難做選擇。若是對剖成兩片的，就能找出和整條魚一樣新鮮的。像在隱藏什麼，將兩片魚身漂亮地拼在一起、看不到魚側面的商品，最好不要購買。

切成一塊塊筒狀的魚切塊，就選擇像剛切好、切角沒有變形的商品。

很多人覺得墨魚要白色的比較好，其實能從表皮見到所謂的波爾多葡萄酒紅色花紋的才新鮮。

購買貝類時，以不會被魚販責罵的方式，從包裝上輕輕碰觸一下，如果全部的貝類都動作很快、反應良好，就可以購買。

原則上，產卵前的魚肥厚美味。這樣的魚很多都是當季的、需求度高的，能夠輕易找到時，就是魚肥美的時期。

在東京的話，先去築地市場，然後去百貨公司、超市，試著在同一天這樣逛一圈，會發現在百貨公司和超市也有很多築地市場有的魚，而且賣得很便宜。

反之，在築地市場找不到的魚類，其他的店也不會有。魚的季節和自然息息相關，即便是盛產季，也會依日子不同有不一樣的漁獲內容，這也是魚的有趣之處。

第4章 擅長規劃菜單與做菜步驟

做菜要有**步驟**，
想成是頭腦體操吧。
菜單要有變化。
擅長收拾、好好地變花樣，
愉快享用每天的飯菜。

做菜要有步驟

大家都清楚做一道菜的順序。但晚餐要做3道菜時，就會弄得亂七八糟，很苦惱不知該從何做起。

例如某天晚餐想做馬鈴薯燉肉、茼蒿炒蛋、甜醋漬小黃瓜、豆腐油豆腐味噌湯，於是一早就用甜醋醃漬小黃瓜、昆布泡水。只先做這些，是因為時間會讓這些食材變美味。

傍晚，趁飯還在炊煮時，處理好蔬菜、燙蒟蒻粉條去除澀味，也順便燙油豆腐去油。我認為這是不浪費熱水，最有效率的步驟。

煮馬鈴薯燉肉期間，也把湯準備好。最後只要打散蛋，和茼蒿一起炒。茼蒿炒蛋很快地炒好時，大家就能上桌吃飯了。不只是把菜做好，還希望熱的菜上桌時仍然熱騰騰，而涼的菜就清涼地擺出來。

算好入味的時間，也計算加熱時間，規劃好從哪裡開始。做菜通常是好幾個步驟一起進行，有時我甚至中途會跑去操作一下洗衣機。

我想這與理科、文科畢業，是否為創意人士無關，而是要特別運用一下頭腦，意即腦筋要轉得快一點。做菜的先後順序，從購買食材就開始，不覺得這是一種令人驚訝的能力嗎？

《聰明女子好廚藝》（桐島洋子著），談的就是這種能力。

很多茶道老師和料理家都很長壽，這是我母親的分析。他們經常綜觀全面、努力做好眼前的事，並思考做事的步驟。或許他們長壽的祕訣不只是吃對身體好的東西，還有動腦的方式。

想要擅長做菜步驟，建議做這種訓練

那麼，為了擅長做菜步驟，該怎麼做才好呢？

我建議要一個人做練習。和跑步、做瑜伽、打高爾夫球一樣，漫不經心地做就不會進步。

在家裡「（一個人）花20分鐘做晚餐」如何呢？NHK《今天的料理》節目中，就有「花20分鐘做晚餐」的環節。此外，美國也有個很紅的烹飪節目《瑞秋・蕾（Rachel Ray，美國的明星廚師）的美食20分鐘》。不論哪個節目，都是一個人花20分鐘做晚餐的規劃。尤其是瑞秋・蕾的節目，是真的從冰箱拿出包裝的肉開始做起。

試著一個人這樣做看看。就算不是20分鐘，30分鐘也行，就做到用電鍋煮好飯為止。做好時，先自己一個人稍微反省一下。想一想，如果不是先做了那個，而是將這裡整理乾淨，後續是不是會比較順利。

每天這樣做，就可以訓練出同步進行多個步驟的思考能力。

另外，請試著測試一下時間，意外地會很有幫助。請以玩的方式測試一下：自己做簡單的綠色沙拉要花幾分鐘？多久能刨好蘿蔔絲？將一根紅蘿蔔切絲要花多少時間？

你或許會意外發現，花5分鐘就能做好的事，自己卻搞得很麻煩複雜。如此一來，將來若要款待客人，就會將做菜步驟簡化了。

順便提一下，將一條小黃瓜切成圓片，我要花1分鐘。當你發現，就算急著做晚餐也不再慌慌張張，那就表示你已經擅長做菜步驟了，不，應該是能享受做菜有條有理的樂趣。

每天，希望吃到什麼樣的飯菜？

「能夠毫無顧忌、盡情地慢慢享受現在想要吃，也剛好適合自己口味與量的食物——亦即冷的時候吃溫暖的東西，熱的時候吃冰冷的東西。」《我的菜單日記》（澤村貞子著）。

這是我很喜歡的一段文章。

剛結婚時，我就拿到了這本書。總之，這是一本收錄了昭和41年來許多食譜的書。當時我非常認同。

大概在10年前，我又重拾起這本書，熟讀後完全成為我做菜的聖經之一。因為書裡有我理想的「每天的飯菜」。

我喜歡吃得很健康，希望能盡情吃到喜歡的東西、當令的食材。

我家的晚餐就是「盡情」的體現，擺著簡單的料理。順便介紹一下在稍冷日子的晚餐菜單。

＊以農園送來的蔬菜做成料很多的湯
將雞翅膀和淡路島的上好洋蔥（好吃☆）、菊薯（口感像蘿蔔，但沒有澀味，不挑剔的人都能接受的根菜）、馬鈴薯、地瓜、紅蘿蔔、蓮藕、小松菜的莖，以昆布水和白酒咕嘟咕嘟地燉煮。煮得很爛的雞翅好吃得不得了。

＊芝麻涼拌芝麻菜（兩者的香味相似）沙拉

＊蛋比絞肉多的蛋包飯（將用剩的豬肉絲剁碎，和洋蔥、青椒碎末一起炒，做成蛋包飯）

＊千枚漬＊（京都土產）

＊青森的新米飯湯

＊以京都優良的蘿蔔品種醃漬而成。

湯是在家時加熱，外出時就放涼，回家後再加熱，從瓦斯爐上努力煮出來的菜單。自然培育的芝麻菜的鮮味、苦味，好吃到不行的沙拉，是把芝麻菜用水洗過後，只用芝麻和小豆島的橄欖新油涼拌，並淋上現搾的檸檬汁。新米是朋友種來自己吃的，特別請他割愛一些給我，煮出來的飯連米芯都美味。

全部都是輕鬆好做的菜單，這樣的飯菜對我們來說，比什麼都奢華。

盡量使用自然培育的新鮮蔬菜、肉類和魚。搭配自己喜歡也覺得美味、用心調製的調味料，並簡單料理。希望大家能花時間做美味的料理，也稍微花點心思在活用智慧的事前準備上。

調味上，包括鮮味在內的五味，我會盡可能從食材取得。鮮味可取自昆布、柴魚、雞、番茄、起司等，甜味也可取自水果、蔬菜。如此一來，調味料自然就用得少。

在味道上，我會放眼整體菜單來完成，不會只單顧某道菜。這樣就不會滿桌都是同樣味道的菜。若有一道味道重，就搭配其他淡味的菜。每次有味道重的菜就拿來配白飯，我覺得太沒創意了。

至於鹽分，要比其他調味更注意。雖然不用每次都計量，不過可以把醬油和鹽分別裝在常用的小瓶中。醬油差不多½杯、鹽差不多2大匙。假設3天就用完，這樣就能知道吃進多少分量，也能成為每天做菜時的使用標準（圖A）。

你希望家人每天都吃什麼樣的飯菜呢？

A

以後天主義準備菜單

做菜的煩惱源頭，就是菜單。

我會愉快思考「今晚要做什麼？」但有時會覺得不能理解，是否只有我自己在想這件事！

而且除了我以外，大家都覺得，今天的菜單理所當然要和昨天不一樣。這樣要求菜單有「變化」、「變得更棒」，就會形成一股壓力。

對於這樣的你，我的建議是「後天主義」。

不論是從明天起擅長料理，還是「後天主義」，看似今天不做也沒關係，但並非如此。而是要經常不經意地想一下今天、明天，甚至後天的三餐來擬定菜單，然後去採買、做菜。

只不過，不必要求完美。在電車或公車上，悠閒地大概想一下即可。

天氣冷或熱時，想吃的東西會不一樣。依家人身體狀況的變化，也會有想給他們吃的食物。若能游刃有餘地連後天的三餐都做好準備，就能應付這樣的變化。

準備期若拉長到一星期，就要有比較細膩的計畫，心情也會受拘束。

此外，今天和明天的主菜或副菜，若都是同樣的食材，就會令人有點失望，但若將今天的食材安排到後天才出現，就變成賢明的主婦。這樣也方便收拾善後，還能皆大歡喜。

與其做常備菜連續吃好天，我寧可有時間時就先做好備料的工作。我喜歡把「菜的基本材料」先買好，做出不同風貌的菜。即便是相同的食材，也能在菜單上尋求變化。

次頁就是藉由後天主義，以家常菜為基礎來思考三天份的菜單。請從採購時就開始思考今天一定要做的、明天可以做的，還有後天預計做的來擬定菜單。

後天主義的三天菜單

以家常菜來介紹三天份的菜單。

第一天　採購清單

・牛絞肉
・豬絞肉
→ 多買一些，可做成漢堡肉及後天的肉丸。
・豬肉絲
→ 用刀剁碎一半，添加在漢堡肉裡，剩下的就用來做第二天的快煮料理。
・蜆仔　・蛋　・豆腐　・洋蔥
・馬鈴薯　・小黃瓜　・紅蘿蔔
・番茄　・茄子
・四季豆　・茼蒿　・荷蘭芹
・檸檬　・青紫蘇
・起司
如果沒有，就用牛奶、奶油等。
※分量依人數做調整

※去超市時，我總會攜帶兩個環保袋。一邊思考一邊將採購的食材分裝，一袋是會立刻用到的，一袋是明天以後才會用的。

【連後天的菜單都很快想好】

第一天
漢堡肉（P.166）
配菜：芹香馬鈴薯塊、四季豆
小黃瓜涼拌檸檬醬油（P.15）
番茄蛋湯、白飯

第二天
紅燒茄子豬肉絲
馬鈴薯沙拉（P.171）
芝麻涼拌茼蒿（P.26）
涼拌豆腐、蜆仔湯、白飯

第三天
焗烤肉丸
漬茄涼拌番茄
醋炒紅蘿蔔沙拉
法式長棍麵包&白酒

第一天的菜單與步驟

*菜單
漢堡肉（P.166）
配菜：芹香馬鈴薯塊、四季豆
小黃瓜涼拌檸檬醬油（P.15）
番茄蛋湯、白飯

○順序與步驟

～連明、後天的菜單都考慮在內。

1. 以兩種絞肉與一半的豬肉絲（切碎後加入會更好吃）製成漢堡肉的肉料。分成兩大塊，分別塑形成漢堡肉和迷你肉丸。將後天要用的肉丸燙過後，連同湯汁一起放入冰箱。蜆仔吐完沙後，冷凍起來。將明天要用的剩下的豬肉絲，淋酒和醬油後放入冰箱。

2. 馬鈴薯多燙一些做成馬鈴薯塊。留下今晚的配菜，其他的就用來製成明天的馬鈴薯沙拉。馬鈴薯沙拉隔天會更加入味好吃，也放入冰箱。接下來燙四季豆。

3. 小黃瓜搓鹽巴，一半拌檸檬醬油，放入冰箱。另一半加到馬鈴薯沙拉裡。檸檬汁也一半用於馬鈴薯沙拉。

4. 煎今天的漢堡肉。附上配菜（四季豆可靠漢堡肉的餘溫，稍微加熱一下）。將荷蘭芹末（多切一些，多的可浸漬在橄欖油裡）散放在馬鈴薯塊上。番茄切碎，以昆布水煮湯，最後打入蛋變成蛋花。將小黃瓜涼拌檸檬醬油盛裝在盤上。

第二天的菜單與步驟

＊菜單
紅燒茄子豬肉絲
馬鈴薯沙拉（P.171）
芝麻涼拌茼蒿（P.26）
涼拌豆腐
蜆仔湯
白飯

○順序與步驟

～連明天的菜單都考慮在內，也想一下後天的菜單。

1. 燙茼蒿，拌芝麻。
2. 將一半的茄子（2條）做成烤茄。另一半切塊後浸泡水裡。烤茄與昨天浸漬在油裡的荷蘭芹、青紫蘇混合，做成醃漬菜（放入冰箱，隔天會很好吃）。
3. 冷凍的蜆仔直接放入熱水中，煮成蜆仔湯。
4. 豆腐切塊狀，最上面放青紫蘇末（用剩的青紫蘇浸在油裡→後天使用）。
5. 豬肉絲與茄子一起炒熟，以醬油、酒、味醂調味。將昨天做好的馬鈴薯沙拉裝盤。芝麻涼拌茼蒿也裝盤。

第三天的菜單與步驟

*菜單
焗烤肉丸
漬茄涼拌番茄
醋炒紅蘿蔔沙拉
法國長棍麵包
白酒

○順序與步驟

～連明、後天的菜單都考慮在內。

1. 將番茄加入昨天做好且入味的醃漬烤茄中（還沒吃之前都放在冰箱中）。
2. 紅蘿蔔切絲後以醋炒香。一半直接放涼後，拌芝麻粉。一半放入冰箱（後天做成紅蘿蔔飯）。
3. 製作白醬，一半冷凍起來。將第一天就做好的肉丸放進平底鍋，乾煎後排列在耐熱方盤裡，淋上白醬，再鋪一層起司焗烤。連肉丸一起保存的肉汁，明天早上加入蔬菜後燉煮。
4. 漬茄涼拌番茄、紅蘿蔔端上餐桌，配杯白酒。留一些白酒，加在明天的燉菜中。

料理也以後天主義好好善後，物盡其用

先前介紹的澤村貞子的著作，書腰上印著「花點時間下點工夫」。我也覺得，不下點工夫、花點時間做，日後就會出現很大的差別。

正因為是每天例行的事，所以善後也重要。如果能稍微提前想到一些事情，就能好好善後，用完所有材料。

以下介紹當我想到下一頓飯，明天、後天的飯菜時，會做的一些小工夫。

辛香料的知識

生薑、蔥、蘘荷等辛香料是最佳配角，能提升簡單樸素的菜色。

我會花工夫一次切好某種程度的分量來使用。

舉例來說，青蔥除使用的分量外全部切碎，醃漬在芝麻油中，並添加少許鹽（下圖）。充分入味後，就可以用來炒蛋，或加熱後淋在煮蛋、涼拌豆腐、炸豆腐上，成為很棒的菜。青紫蘇也可採取同樣的作法。

市場出售的蘘荷大多是3袋裝，一袋切碎直接當辛香料，一袋切絲浸漬在油裡；另一袋切成圓片後，跟薑一起漬醋，就可以當頂飾、佐料、沾醬使用。任何一種放在冰箱，皆可保存3天。

若是洋蔥或長蔥，可分別醃漬在油與醬油、味醂與醬油、辣油與醬油等當中，就能作為炒菜和煮菜的底料。雖然是不起眼的東

西，但意外想到「啊，有那個」就會很愉快。

為了避免這些辛香料遭遇「在冰箱角落枯萎縮小而腐壞掉……」的悲劇，重點就是趁它們新鮮時使用。

「預留材料」的建議

母親常以不可思議的方式留下食材，譬如3cm的紅蘿蔔、1根芹菜。以前，我會覺得一次用光不就得了，但現在我也這麼做。

切著晚餐用的紅蘿蔔，我會邊想「對了，留一些做成明天便當裡的紅蘿蔔花」。這樣就會很高興地覺得「是啊，想到了不錯的點子」。

不是用剩的，而是「預留的材料」。

把⅕的小黃瓜切丁後，放進隔天早上的湯或雜菜粥裡。也可以切絲後，和鹽漬昆布一起鋪放在涼拌豆腐上。3cm的紅蘿蔔剁碎，放入炒飯或沙拉中。稍微燙過的青菜，當味噌湯的湯料、茶碗蒸的內容物。

肉也留2片，用酒和醬油醃漬。切細絲後炒熟，也可鋪在炸豆腐上。雖然不必每次都這樣做，但預留一些材料也是做菜的智慧（左圖）。

大型食材就換模樣，分3次派上用場

一天就要用完而嫌麻煩的整顆白菜、蘿蔔、高麗菜，也是只要連明、後天都考慮在內，就有花工夫的價值。把¼做成新鮮沙拉、淺漬或湯。一半汆燙。其中的一半用烤的（烤蘿蔔等），一半燉煮（白菜捲等）。肉塊則是汆燙後，一半當天用掉。

一半烤過後（只烤表面即可）後天再使用。大型食材花點工夫，在當天和後天換模樣就可派上用場。

需要的東西意外得少

從我懂事開始，母親就一直愛用鐵製平底鍋。有次來到我東京的家，用過鐵氟龍平底鍋後就表示：好方便啊（笑）。從此以後，就將喜愛的鐵製平底鍋和新的鐵氟龍鍋一起使用，好像鐵鍋的出場數還減少了。身為料理家，我覺得只用鐵鍋或銅鍋很帥氣，但不論是鐵氟龍鍋或不鏽鋼鍋，只要方便我都會使用。尤其在上課時，我會留意使用任何人家裡都有的鍋子。

其實，我是個鍋子狂。尤其愛工匠打造的鋁製行平鍋。黃銅（特別喜歡）、銅、鐵製的平底鍋就不用說了，大家很喜歡的Staub等品牌的鐵鑄鍋、琺瑯鍋，我也有很多。也有各式各樣的土鍋，還有在國外購買的該國獨特的鍋具。

但可惜的是，每天做三餐時，並沒動用到這所

有的鍋具。坦白說，其中甚至有3年左右沒用到的鍋子。

因此，我就管理家中廚房的立場，試著從零開始思考，什麼是需要的？最後彙整成右頁的圖片。我認為，這些是家庭一般必備的工具。

上圖則是我愛用的做菜工具，想要稍微擴大料理範圍時，不妨試著多添購一些，備齊該有的工具。

無論經過幾番曲折，料理手法最終總會回歸到母親那一代傳承下來的方法。因為那就是最好的方法。另外在工具方面，要做合理性考量，若有適合自己生活方式的便利工具，最好直接替換。

選購工具的理由，如果只因為名人在使用或是趕流行，就會發生一年只用一次的情況。重到連小指都快斷掉的鍋子，會讓人覺得重量一年比一年還重。體力、年齡、生活方式也是選擇廚具的重點。

也有光看就很愉快、令人產生做菜熱情的「悸動工具」。請連這令人悸動的程度、派上用場的次數和收納都考慮在內做選擇。尤其是不容易收拾保養的工具，就要好好認清自己的性格再做決定。

我個人認為，只需這些工具就能夠做菜且方便處理

○平底鍋與能蓋得緊的鍋蓋

鐵氟龍鍋無法長時間耐高溫。方便日常用來炒菜、烤東西。由於有使用壽命，建議要適時割捨，汰舊換新。

想烤肉時一定要用鐵鑄鍋。最近還滿容易買到。可備用一只深4～5cm、直徑20～22cm的鐵鑄鍋。

○中華炒鍋　不只可以炒東西，也可以炸東西、燙青菜。

○行平鍋（單柄鍋）　可選擇一只直徑24cm的。另備一只直徑10cm左右的行平鍋會更方便。

○燉鍋（最好是可放入烤箱的鍋子）

鐵鑄鍋適合長時間燉煮。

○刀子　小刀2種、菜刀、切魚刀、麵包刀

切魚刀是連竹筴魚、鯖魚、石鱸般大小的魚都能處理的刀子。

○刨皮器、剪刀、拔刺夾

○大碗3個（大尺寸）與小碗（杯）2、3個。若附有傾倒嘴會很方便。

○濾網2個　小型濾網1個和味噌濾網

○料理用濾網

○方形盤2個、網架1片

○長筷子3雙

○打蛋器　大小各1

○抹刀

○量杯　200mℓ和500mℓ各1

○大小量匙

○擦菜板

○白布（買一整捲會相當方便）

○木製飯匙

＋　能擴展料理範圍的工具

○蒸籠

○檜木平台

○煎鍋、平底鍋等，可放入烤箱的鐵製鍋子

○直接能端上餐桌的黃銅鍋、鋁鍋

○大型竹簍（也可用於晾夏天的素麵、曬梅乾）

○砧板

○多人份的燉煮鍋

除此之外，土鍋、研缽、攪拌機或攪拌器、食物處理器、壓力鍋也能擴展料理的範圍。

冰箱就像化妝包

曾聽某位料理家說：「廚房的日文寫成『台所』，所以是不能沒有平台的地方。」的確是句名言。

廚房要盡可能保持乾淨，不放任何東西，平台越寬敞越容易做料理。即便因為各種事由做不到這點時，也要做到自己能愉快開始料理的狀態，只要決定「工作結束後一定物歸原位」就行了。

冰箱也一樣。我是用雙開門的冰箱，右側的第1層或第2層清空，正中央棚架有2層也是從清空狀態開始。即便有點雜亂，也一定一週整理一次恢復原狀。

若是化妝包，哪裡放著什麼品牌的化妝品，我們都會記得很清楚。冰箱也一樣。只要一週整理一次，就能確實掌握其中的內容。這樣既可避免食材的浪費，也能減少不必要的採購。更棒的是，不知為何心情也會變得舒暢。

冷凍室也要兩星期全部掃視一遍。這樣就不會發生出現小「凍塊」時，要拚命回想：「這是什麼玩意兒？」

第5章 擅長調理高湯

製作高湯是因為美味，
這是世上稀有、
簡單卻具魅力的料理。
或許返樸歸真的生活
就是從高湯開始。

為何想傳授高湯？

早上，揉著眼睛走出房間。迷迷糊糊經過古老日式房屋的幽暗走廊，從兩旁——右邊是家裡廚房，左邊是旅館廚房，會飄來一陣陣高湯香味，是母親在起居間盛裝冒著熱氣的味噌湯。大家互道早安的聲音、ＮＨＫ新聞循環報導的聲音，各種聲音沙沙作響。佛壇上也供奉著白飯和味噌湯。我被祖母追趕似地跑進裡面的洗手間刷牙。刷完牙喝下第一口味噌湯，味道很不可思議。第二口，身體慢慢甦醒而覺得安心。這是毫無疑問的口福。即便到現在，我仍能清楚想起小時候那充滿美味的早晨。

娘家旅館廚房的幽暗角落，有只茶色的陶製大壺，柴魚店老闆每天都會來，把袋子倒過來往裡面倒滿柴魚片。看著柴魚片輕飄飄飛舞的模樣，真的很愉快。

夜晚，在空無一人的廚房裡，廚師和服務生使用的大桌上，排列著大型鍋子。我很喜歡掀開這些鍋子的鍋蓋窺看一下，裡面總飄浮著幾片高湯用的昆布。

一到早上，廚師就會以這昆布和那「輕飄飄」的柴魚片煮高湯。撲鼻的高湯香氣，幾縷往上冒的熱氣，不疾不徐走動的人們。只有我老是被罵說：別礙事！每天都跑來跑去。

首先是處理高湯。然後是活跳跳的魚、蔬菜、每逢節日慶典決定的特別菜單、季節性的工作、自製的釀造物。更重要的是，藉由食物強烈認識到的四季。還有，小孩一點也不放縱地和大人吃同樣的食物。

長大之後我才了解，我家的環境有點特殊。長大離開家，才懂得思考說：「咦？原來那並不是理所當然的喔。」

因此，當我開始教做菜時，才會想要傳達高湯的美味，以及當今飲食的樂趣。高湯是我從小的飲食生活中，最由衷感到美味的食物。而高湯的香氣就像自動轉換裝置，總令我不由得想起祖母、母親和姨媽。總之，就是我的精神糧食。

想要傳授高湯的出發點，並非因為我是日本人，也不是出於它是是料理的基本。純粹是我個人非常想要推薦這種美味吧！而且自己煮的會特別美味。想要傳達這樣的感覺給大家。

我深深感到，「有高湯的生活」對我來說很平常，但對很多人來說卻並不平常。

其實，來我教室上課的學生，以30歲～40歲人士居多，很多都是第一次自己煮高湯。仔細想想，他們父母是70歲的人，當時高湯粉末、高湯顆粒已經問世，那個世代的人當然覺得這些很方便。到了下一代60歲的人，連義大利、法國菜都已深入家庭料理中，總之是每天都想快速脫離（!?）白飯和味噌湯的世代。即便不處於特殊環境，他們也不曾有過早上靠高湯香氣清醒過來的經驗。

因此對於煮高湯，大家才會有些不同的新發現和初體驗的感動。我也很高興，大家能樂在其中。

尤其現代人每天都很疲勞，若真想要返樸歸真地生活，對於這樣的人，我的推薦就是煮高湯。即便住家零亂、疲憊得不想動，花10分鐘就能感受到返樸歸真生活的氣息。

高湯的芳療效果

在紐約生活時，遇到冷到心底的下雪日子，我就會用從日本帶來的昆布和柴魚煮高湯。那溫暖會滲入腳趾尖，滲入ＤＮＡ。不只是身體，連心情都不可思議地暖和起來。煮高湯時，輕飄飄往上冒的熱氣，溫和搔動著鼻腔的香味，會讓人非常平心靜氣。

紐約的生活過得挺愉快的，但不免有緊張的時候。我將能夠緩解緊張的這瞬間，稱為「高湯的芳療效果」。

我的另一半對高湯的香氣就不用說了，連烹煮時的空氣他都很喜歡。只要從廚房傳出高湯香氣，他就會聞香而來。他不是個美食家，平常愛做的就是休息。能夠促使他這樣的人站起來往廚房方向跑（就算我沒這個魅力），高湯一定是魅力十足。

關於高湯，並非１＋１＝２。

首先，要美味。自己煮，既安全又安心。但不只是這樣，在煮高湯的過程中，自己也獲得療癒，脾氣變溫和，既能收起憤怒，也能消除緊張。此外，還會有一種很棒的錯覺，彷彿自己變成了很賢慧的太太。也常聽人說，從煮高湯改變了飲食。結果，或許連生活的方式都改變了。

更重要的是讓家人快樂。一旦高湯符合了家人口味，大家就會把它聯想成「家裡的味道」。試著自己煮高湯，感受一下這無限的好處。

煮高湯的材料就是高湯用昆布和柴魚片。沒什麼比上等昆布更好的了，只要能在日常生活中分辨出上好的、上等的、普通的即可。只是呢，為了能好好地分別使用，最好試用一次最高級的昆布品嘗一下。

高湯用的昆布與柴魚

●高湯用昆布

美味的高湯用昆布，有利尻昆布、真昆布（也稱為山出昆布、獻上昆布，產地在南茅部）、羅臼昆布。這是眾所皆知的3大產地。3種昆布的味道不一樣，經常使用的範圍也不同。

利尻昆布：煮出來的高湯清澄、上等，具良好的香氣。主要送往京都的料亭等。

真昆布（山出昆布）：即獻上昆布，甘味、香氣、鮮味均衡。具厚度。為大阪人愛用。

羅臼昆布（鬼昆布）：能煮出味道濃郁的高湯，湯色較深。常用做關東、九州的蕎麥麵湯頭。

此外，昆布不只會因產地，也會依海岸不同而有不同的味道。換言之，就是具有「風土條件」。舉例來說，產真昆布的南茅部*，海岸以尾札部、川汲、安浦、白口上濱等最優。等同於法國勃艮第出產葡萄美酒的羅曼尼．康堤莊園一樣。

利尻也有出產美味昆布的特別海岸。

天然與養殖的昆布也有很大的不同。天然昆布是2年生，會在第2年長得厚實。養殖的昆布幾乎都是1年生。厚度不一樣。

此外，天然昆布是生長在岩床上，靠地底、大海、陽光的礦物質和養分培養的。而養殖昆布則是將孢子撒在浮於海面的繩索上所培養的，只靠海水和陽光的養分長大。

●柴魚

柴魚有荒節和枯節之分。

柴魚的製造過程為生切（解體）→煮熟（燙、蒸煮）→焙乾（煙燻）→成形、修整（塑形）→日曬（在太陽下曬乾）→熟成・黴菌發酵。

其中，焙乾後直接曬乾的是荒節，經過黴菌發酵再曬乾的則是枯節，而不斷反覆這過程進行熟成的，就是本枯節。到本枯節為止，要花6個月以上的時間。

要在家裡煮高湯，以荒節的柴魚薄片製作完全沒問題。請跟新年時所用的本枯節，分開使用。除此之外，也有鯖節、鮪節。鯖節的價格很合理，建議用在日常的高湯上。

◆保存方法

荒節放冰箱。枯節則可放在冷凍室（枯節已脫去8成以上的水分，冷凍也沒關係）。

基本的昆布高湯＝昆布水

昆布高湯＝昆布水，若取代水用於各種料理中，有助於提升味道，是日常料理強而有力的好幫手。例如，稀釋市售的麵湯時，不用水改用昆布水，就會變美味。

●基本的昆布高湯＝昆布水

昆布是乾貨，充分泡發很重要，要泡發到近似生鮮的昆布。若問要泡發到什麼狀態，就是柔軟到可用手撕開的程度，且能清楚看到撕開裂縫的白色斷面。

〈作法〉

水1．5ℓ

昆布35～40g（10×7㎝4、5片）

水裡放入用水沖洗過表面的高湯昆布，放入冰箱靜置一晚～15小時。從浸泡開始算起，可保存兩天。浸泡15小時左右，就請取出昆布。

＊位於北海道龜田半島上，一個以漁業為主的城鎮，於2004年底併入函館市。

第一道高湯
～昆布與柴魚

日本無敵的美味代表，還是非高湯莫屬。在新年和隆重的日子，一定要試著自行煮一次。

●昆布＋柴魚高湯＝第一道高湯

〈作法〉

昆布水1ℓ　柴魚片40g

取出1ℓ昆布水中的昆布，以中火煮。

煮到咕嘟咕嘟時，放入柴魚片40g（圖A）。

柴魚片全部沉入昆布水中（圖B）時關火，靜置1分到1分半鐘左右，以白布過濾（圖C、D）。

※為免香氣散失，請盡快將白布拿起來。若就這樣靜置4、5分鐘，高湯會變得更濃，但香氣就會減半，出現澀味的風險也會略增。

※柴魚片別放得太小氣，這很重要，以20g分兩次放，不如40g一次放入。這樣才能品嘗到美味的高湯。

※放冰箱可保存1天。

以第一道高湯製作難忘的味噌湯

豆腐與油豆腐味噌湯

材料（2人份）

第一道高湯　300ml

味噌　1大匙（分量依味噌種類做調整。推薦p.118介紹的味噌）

豆腐　¼塊

油豆腐　⅓片

作法

1. 以熱水很快地燙過油豆腐，去除油分。以一半的寬度（3cm）切成細絲。
2. 豆腐以廚房紙巾或白布包裹起來，輕輕瀝乾水分後，切成1cm塊狀。
3. 鍋裡放入高湯，加入1和2後以中火煮，煮沸時關火，將味噌溶入湯裡。味噌完全溶解後開火，將湯溫熱（不要煮沸）。

小魚乾高湯與香菇高湯

●小魚乾高湯

煮小魚乾高湯很簡單，不過或許會有些令人在乎的魚腥味。這道高湯常用於日常簡樸的燉煮料理和味噌湯。順便提一下，「紅燒小魚乾剩渣」是我家的家常菜。高湯的小魚乾剩渣，以生薑、酒、醬油、味醂紅燒一下，就是配飯的小菜。

材料

水　1ℓ

小魚乾　40g

※也可以放一片5cm見方的高湯用昆布會更棒。

作法

1. 去除小魚乾的頭和內臟部分（圖A）。（連魚背肉的黑色部分也去除）

A

2. 將1浸泡水裡一個晚上。昆布也可一起放入浸泡（圖B）。
3. 2置於中火上，煮沸後轉小火煮5分鐘。撈除浮末。倒在鋪著廚房紙巾或白布的濾網上過濾。

※放入冰箱可保存1天。

●香菇高湯

材料

水　1ℓ

香菇　30g（6朵左右）

冰塊　1個

高湯用昆布　5cm見方1片（如果有的話）

作法

全部浸泡在水裡，靜置3小時～一個晚上（圖C）

※放入冰塊冷卻，會更容易泡出高湯。

※從浸泡算起，可在冰箱中保存3天。

B

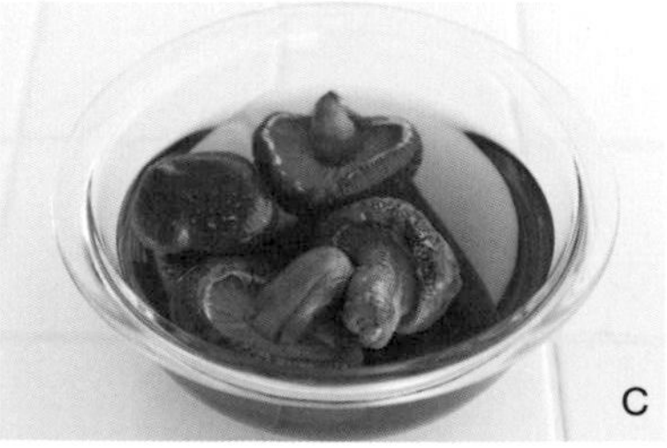

C

以小魚乾高湯製作12月雪花菜

雪花菜就是日本商家在12月31日所製作的豆腐渣菜。我很喜歡這道充分利用剩下的蔬菜做成的菜。

材料（4人份）
豆腐渣　300g
乾香菇　3～4朵
紅蘿蔔　½根
青椒　1個
四季豆　5條
鹽巴　1小匙
小魚乾高湯　2杯
A
薄鹽醬油　4小匙
味醂　1大匙
酒　1大匙
粉狀黑砂糖　2小匙
米醋　1大匙
芝麻油　少許

作法
1. 乾香菇用水泡發，去除蒂頭和硬梗後切碎。紅蘿蔔和青椒切成7㎜的小丁。四季豆摘除蒂，切成7㎜寬的小圓柱狀。
2. 豆腐渣以大型平底鍋乾炒。當水分炒乾、變成疏鬆粉狀時，盛裝到碗裡。
3. 在同一只平底鍋裡薄抹一層芝麻油，依紅蘿蔔、四季豆、香菇、青椒的順序，有時間差地放入、炒勻。全部材料炒到軟嫩時，撒鹽巴，加入2的豆腐渣炒勻，倒入高湯。
4. 以飯瓢拌勻，並同時以稍小的中火煮6～7分鐘。稍微煮開後加入A，再攪拌混合煮7～8分鐘，將多餘水分煮蒸發，使之入味。
5. 當4的水分幾乎煮蒸發時，淋醋。燜煮2～3分鐘，醋稍微煮揮發時關火，就這樣放涼。

雞高湯和蔬菜高湯

一想到立刻就能煮，意外全能的雞高湯，可以直接放入蔬菜煮成湯，也適合煮成味噌湯。煮好的雞胸肉可以立即享用，也可直接放在湯裡保存，隔天再使用。

●雞高湯

材料
水　1ℓ
雞胸肉　4條（200g左右）

作法
1. 雞胸肉放入水裡，置於中火上（透過水慢慢煮熟）。
2. 煮沸之後，轉小火再加熱5分鐘，關火，就這樣放涼。

※要保存時，若加入高湯用昆布（20g左右）可增加鮮味（圖A）。湯裡加1小匙鹽，放冰箱可保存2天。

●昆布水＋蔬菜高湯

這道湯的味道，會比只用昆布或蔬菜鮮甜。和昆布高湯一樣，可代替水使用。紅蘿蔔、番茄、蕪菁等，可連皮一起煮。

將昆布水1.5ℓ，連昆布一起放入鍋裡，加入紅蘿蔔½根、洋蔥½個、芹菜½根，以最小火熬煮40分鐘～1小時，煮到材料變軟嫩（圖B）。

※若加長蔥和生薑，就變成中華風雞湯。
※蔬菜直接切成容易食用的大小，做成湯也不錯，加入飯也很好吃。

A

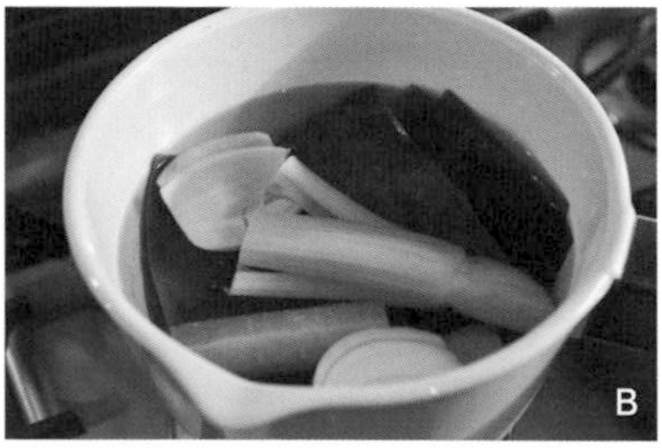
B

以雞高湯調製美味的義大利蔬菜湯

湯料種類更少也沒關係，放入剩下的蔬菜或雞胸肉都ＯＫ，加一些白味噌也很美味。

材料（2人份）

雞（昆布）高湯 300㎖
芹菜 1根（白色部分）
紅蘿蔔 ⅓根
蕪菁 1個
馬鈴薯 1個
蓮藕 直徑5×3㎝（40g）
節瓜 半條
白酒 1大匙
鹽巴 1小匙（若雞高湯已加鹽，分量就要調整）
黑胡椒 適量

作法

1. 所有的蔬菜去皮，切成7～8㎜的小丁。
2. 鍋裡放入雞高湯、白酒和1，以中火煮。煮沸時轉小火並蓋上鍋蓋，將蔬菜燜煮到熟透。以鹽巴、黑胡椒調味。

美味是有理由的

這裡稍微詳細說明一下高湯「美味」的理由，只要了解這個機制，即便是用昆布和柴魚以外的材料也能獲得美味。

昆布是高湯的基礎，它的美味就是穀胺酸。這是人體可以製造的一種氨基酸。因此，昆布高湯跟我們的身體有很高的親和性。若是有外來的穀胺酸進入我們身體，身體自然就能切換成感受得到「鮮味」的機制。

此外有個著名的實驗，就是讓嬰兒喝各種用雞、蔬菜、昆布等熬煮的高湯，結果嬰兒喝到昆布高湯就笑得很開心。其實大家都知道，昆布高湯和母乳的成分很相近，可說是我們很懷念的滋味。

因此，建議以昆布高湯為基礎，來調製小孩的食物。

這種穀胺酸加上柴魚的肌苷酸，就是第一道昆布柴魚高湯。亦即穀胺酸＋動物性鮮味的組合。根據相乘的效果，可以得知我們所感覺的美味不是相加在一起的，而是以乘法計算出來的強烈美味。

這樣的組合普遍存在於全世界的料理中。例如雞肉燉番茄，正是這樣的組合。番茄是富含穀胺酸的代表性食材。

從以前大家就知道，只要搭配兩種以上的鮮味，食物就會變得更美味。我們也在日常三餐中，活用這種美味的機制吧！

可取代高湯的各種鮮味

含豐富穀胺酸的食材，昆布是第一名，其次是番茄、帕馬森起司。另外，海苔、煎茶也含有穀胺酸。這些都是可取代昆布高湯的食材。例如，只運用海苔的湯料理「海苔清湯」、精進料理中的茶粥等，都是有道理的。

無法調製昆布水時，就用番茄、帕馬森起司、白菜煮湯取代。沒有柴魚時，就試著以昆布和雞胸肉熬煮高湯。知道這些方法，就可替代使用。

味噌湯很適合加番茄，把這想成如同昆布搭配味噌即可。由於穀胺酸的相乘效果，當然也很美味。

此外，日本酒是靠發酵而具香醇味道，因此可用來代替高湯。經常聽到將酒精煮揮發的「煮干酒」法。只需要一點高湯時，這方法就很方便。加熱後就能使用，就算不事前煮好也沒關係。在蜆仔湯、蛤仔湯裡加入少許，湯會變得更濃郁。

重新溫熱濃湯、咖哩時，若不用水，改加日本酒、紅酒，也能使燉菜的味道更加香濃。

甜酒和酒糟也一樣。我經常用甜酒取代高湯。煮豬肉、煮雞肉也是，只要添加甜酒和酒糟，湯汁一下子就變美味。也可當作自然的甘甜高湯，加入燉煮料理和湯料理中。「甜酒咖哩」是我家的熱門食譜。但在甜味的分量上，就要減少砂糖和味醂的用量。

充滿智慧，也擅長調理乾貨

做菜時，經常因為乾貨而獲得幫助。除了煮高湯用的昆布外，常備的乾貨還有羊栖菜、蘿蔔乾、快煮昆布、碎昆布、海苔、干貝、高野豆腐，以及豆類吧！

尤其洋栖菜、蘿蔔乾是常備食材的老搭檔。蘿蔔乾有切細絲曬乾、切粗絲曬乾、吊掛凍乾等各種製作法。完成的形狀和厚度也不一樣。在九州也經常看到煮過後曬乾的蘿蔔乾。

蘿蔔乾常用來燉煮，也用來做沙拉和涼拌。搭配切碎的金桔、小蘿蔔，以橄欖油、檸檬涼拌做成沙拉，也是我家的人氣料理。

羊栖菜有長羊栖菜和芽羊栖菜。如字面意思，長羊栖菜要稍微煮過，而芽羊栖菜很柔嫩，泡發後稍微燙一下，就可用來涼拌白醬和做成沙拉。

我也很喜歡豆類。小時候，家裡的爐子上經常擺著煮得微甜的豆子。豆子是用所謂的十六寸豆，即大福豆。據說，十六寸豆是因為將10顆大福豆排成一排時，正好是6寸（18cm左右）而得名。現在，我也喜歡這種白色豆子。

大豆和紅豆多半是從北海道訂購的，也經常會在國外購買。義大利、西班牙有很多好吃的豆子，我會在國外購買腰豆、鷹嘴豆、扁豆。

煮豆

我經常在旅行地購入豆子，尤其是北海道。在大豆、花豆、虎豆當中，我最喜歡花豆。

材料（容易製作的分量）
白花豆　250g
※泡發後會漲大2～3倍。

A ┌日本酒　½杯
　└砂糖　1杯
※用蔗糖、黑砂糖會上色。

鹽巴　½小匙
蜂蜜　1大匙
生薑　1塊（依個人喜好）
※若加生薑，甜味會變清爽。這是私人祕方，請依個人喜好使用。

作法

1. 豆子泡在3倍的水中，靜置一晚（右頁圖A）。
※一般要事先浸漬在2.5～3倍的水裡。

2. 觀察1的水量，放入比豆子高4～5㎝的水（若不夠就加足）置於爐火上，將紙蓋當成落蓋。水煮沸時，轉小火約熬煮3小時，煮到用手指捏時有柔軟感（注意，不同豆子的熬煮時間各異），中途水量不夠時要加水。

3. 豆子煮到軟時，倒掉一半的熱水。將A全部加入，若無法蓋滿豆子，就加一點水。以小火煮到咕嘟咕嘟響時，再以小火熬煮30分鐘。關火後，加入蜂蜜、鹽和一塊生薑，就這樣放涼。隔天就會變美味。

梅乾拌蘿蔔乾絲

蘿蔔乾常做成燉煮料理，但泡發後拿來炒也很美味。意外地和花生、魚露的味道很合，也可做成亞洲風料理。這裡是和風涼拌菜。

材料（容易製作的分量）

蘿蔔乾細絲　70 g（乾燥的）

※泡發後會漲大4～5倍。

梅乾　3個

青紫蘇　5片

檸檬汁　½小匙

作法

1. 蘿蔔乾細絲用水泡發。搓洗後放在濾網上，整個澆淋熱水後充分瀝乾，切成容易食用的長度。
2. 梅乾的果肉拍碎。青紫蘇切碎。
3. 將1和2放入碗裡充分拌勻。以檸檬汁調味。

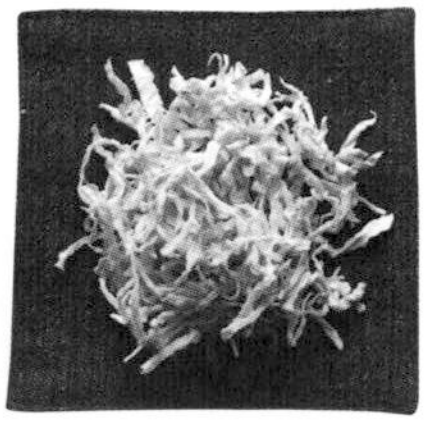

蘿蔔乾細絲

蘿蔔乾粗絲

燉煮羊栖菜紅蘿蔔

事先做好，放在冰箱中可保存3、4天。中途拿出來加熱，重新熱過就可延長保存期限。我會混入白飯中，嘗試不同的吃法。也可做成羊栖菜的咖哩肉醬，只要加入絞肉再炒一次，並加入咖哩粉即可。

材料（容易製作的分量）

羊栖菜　20g

※泡發後會漲大9～10倍。

紅蘿蔔　½根

芝麻油　2小匙

A
- 高湯　100mℓ
- 日本酒　2大匙
- 粉狀黑砂糖　2大匙
- 醬油　2大匙
- 味醂　1大匙

※沒有高湯時，就加4大匙的酒和70mℓ的水。

作法

1. 羊栖菜用水泡發。充分用水清洗。紅蘿蔔切細絲。
2. 鍋裡抹芝麻油，置於中火上，炒羊栖菜與紅蘿蔔。等全部材料都裹層油時，放入A，蓋上落蓋燜煮10分鐘。這時，要稍微控制醬油的分量，預留一些。
3. 轉小火，嘗味道，以醬油做調整，湯汁煮到剩下一成時關火，就這樣放涼。

※觀察樣子、聽聲音，就可知道湯汁煮剩的程度。

※也可以用烤紙等，當成落蓋來覆蓋。

第6章 擅長調味料

若能好好**選擇**調味料，
即使沒本事，
料理也會有所改變，
變得好吃。
首先，就從嘗味道開始。

覺悟的契機從義大利的摩地納開始

我是公認的調味料狂。這裡所說的調味料是砂糖、鹽巴、醬油、醋、味噌、味醂，以及用於料理的日本酒。或許大家會認為這些基礎調味料，任何一種味道大概都差不多，但即便都叫醬油，產品也是百百種，味道完全不一樣。由於材料、作法、製作場所、製造者都不一樣，味道當然也不相同。我認為，只要想清楚為何不一樣，就絕不會馬虎看待每天吃進身體的調味料。

這樣的我，也曾經沒深思過這件事。而讓我突然覺悟的契機就是「巴沙米克醋」。這是義大利的代表性調味料，用葡萄釀造的醋。

大約在15年前，我在義大利遇上了DOTI社的巴沙米克醋。在當地，這也是一枝獨秀的高價商品，因為太好吃，就把它帶回日本了。這瓶醋我珍惜到即使吃完，瓶子也捨不得丟的程度。看著空瓶，心裡還會想：這是怎麼做出來的呢？最後甚至前往位於摩地納（Modena）的工廠參觀。

從波隆那大約花兩小時車程，終於抵達一間工廠。說是工廠不如說是一間小房子，以日本方式來說，就是巴沙米克醋藏。

巴沙米克醋是將葡萄液加熱、熬煮後，裝入木桶，經發酵、熟成所製造出來的。首先，將加熱過的葡萄液倒入將近2公尺高的大型木桶（栗木桶、桑木桶等）。這木桶和釀紅酒的不一樣，桶口是開放式的，為了避免灰塵或小蟲闖入，會蓋上紗布。

因為接觸到空氣，所以容量會減少。經過1年左右，會移到另一個木桶。這木桶的材質會和最初的不一樣，尺寸也比較小。只要容量再減少，就會換到另一個比較小的木桶，亦即從70ℓ的木桶開始，依70→50→40→30→20→15ℓ的方式，漸漸更換成更小的木桶（上圖）。據說，平均一年會減少

1～2成。這些木桶會以栗木、桑木、櫻木製成，有的會產生丹寧味，有的會給醋帶來柔和溫潤的風味。DOTI社最後的木桶都是橡木製的。

較小的木桶會放置在倉庫的閣樓。釀造廠告訴我：醋不是在通風良好、直接受到外部溫差影響的場所製造的，而是「培養」出來的。換木桶的時機要靠人為判斷，因此全部是手工作業。印在巴沙米克醋瓶上的數字，好像就是換桶的次數。釀造期間和時期，完全仰賴熟練匠師的技能。所以，依製造者不同，產生出來的味道就會不一樣。

工廠老闆娘說：「我嫁到這裡時還帶著兩個木桶，自己釀製呢。」這真是需要龐大工夫與時間的傳統釀造方法。我被他們這種恪守傳統的驕傲，以及堅持不動搖的態度所感動。能如此守住靈魂食物，才能成就調味料成為靈魂食物的個中翹楚吧！我突然想到：「咦，那我們的醬油是怎麼製造出來的呢？」在提到巴沙米克醋之前，不是應該先了解我們的醬油嗎？

一回國，我馬上開始學習醬油的相關知識。因而了解到現實的狀況，效率高的量產醬油占優勢。義大利也有很多速成量產的巴沙米克醋。即便是DOTI社，也製造量產品，然而它也經營著古藏。那麼，日本又如何呢？

日本，直到江戶時代都是藩體政治，即分權國家，也就是地方具有特殊豐富飲食文化的國家。而支持著這特色文化的就是調味料，每個地方都有不同的味道。現在，連各具特色的地方文化，也受到量產品壓境而快要消失了。

於是我開始走訪殘存於全國、傳統製造者的藏。就像受到巴沙米克醋感動，我與令人感動難忘的醬油、醋，以及守護著這些的人們相遇了。這些人即便花工夫與時間、即便效率不佳，也要守住那味道。他們堅持製作不加奇怪東西、對身體有益的調味料，並守住地方的飲食文化，是一群熱心傳達日本風土與合宜日本作法的人們。如今，我的學習之旅仍在持續。

不要買小可愛，買調味料吧！

「不要買小可愛，買精心製作的美味調味料吧！」我在上課時，一再強調這句話。

好的調味料並不等於高價的調味料。以自己相信的手法、用心講究材料製作的調味料，價格自然會高一些。之前聽說，某個小豆島的醬油藏，完全以日本國產有機栽培的小麥與大豆製作醬油。知道他們是因「上一代要給家人使用，才開始釀造醬油」時，我深有同感地表示：果然如此。「釀造者想做給自己家人吃的調味料」，我也會想吃。

這樣的調味料，譬如醬油，500㎖就能賣到1000日圓左右。差不多是一件夏天小可愛的價格。因此我才會說，少買一件小可愛，去買1瓶上好（我自己認為）的美味醬油吧。因為醬油比小可愛有用多了。

有了好的調味料，即使沒做菜才能，也能瞬間讓普通料理變美味。若想立刻「從今天起，擅長料理」，只要將調味料換成精心釀造的「正宗產品」即可。只要換掉醬油，涼拌豆腐就會變美味可口。即使手藝沒多大改變，效果還是很明顯。由於不是個人嗜好品，而是長期每天要用的東西，所以不妨大手筆一下。

何不從醬油選起呢？

可以直接食用的醬油，大都比較容易發揮「調味料效果」。

醬油的作法很簡單，先蒸大豆、炒小麥。然後將兩者混勻，加入種麴來製造醬油麴（製麴）。這是左右醬油成果很重要的步驟。接著，將鹽水（用於釀造的水）混入麴中，裝在木桶或大水槽中，使之發酵、熟成。各家醬油師傅所使用的釀造水，分量並不相同。

此外，在哪裡進行發酵、熟成也不一樣。在木桶？還是大水槽？還有，每個藏裡棲息的菌種及其構成也不一樣。藏，可說相當於醬油的保溫箱。亦即整個藏都在培育醬油。

那麼，該如何選擇呢？最終，就是要找到自己能夠認可的美味醬油。因此，先具有醬油的味道都不一樣的概念，嘗味道來尋找，這點很重要。一開始，先注意以下三點。

1. 材料的標示

醬油的材料為大豆、小麥、水、鹽。若標示上有其他材料就要注意。此外，醬油的鮮味來自大豆、小麥的蛋白質所分解成的氨基酸。因此，這些材料的來歷當然會影響醬油的味道。順便提一下，以日本國產大豆製作的醬油，大概占全部的2.5%左右。

2. 生產地區

九州、北陸的醬油，味甘（並非整個縣都如此）。加熱時，多半都會加糖。請以自己成長的地區，還有覺得料理好吃地區的醬油，作為自己「喜歡的味道」的標準來選擇。

3. 故事性

製造者的堅持與熱情，會呈現在包裝和HP的訊息上。我認為，秉持著「要製造什麼樣的醬油」如此明確意志所製造的醬油，就會美味。

我喜歡的醬油

我是依以下的重點尋找、嘗味道，來使用喜歡的醬油。我也非常喜歡未經加熱釀造的生醬油。

1. 以國產大豆而非脫脂大豆釀造

醬油的原料大豆，大致可分為脫脂加工大豆和整顆大豆。前者的脫脂，指的是經過脫去油脂的加工。看一下手邊醬油的標示，就一目了然。脫脂加工大豆可以很快地製造出含氮量（測量醬油鮮味的指標就是含氮量）多的醬油，使用的店家也多，但我仍選擇整顆大豆釀製的醬油。

2. 放在木桶中熟成

在木桶中、代代傳承的藏之中釀造的醬油，特有的菌會持續生存下去。我認為，只有這樣的藏才能釀出好的醬油。

3. 所有工序都自己來

雖然產量有限，但這樣才能顧及整體品質，並保有釀造者的堅持。這種醬油不容易找到，但如果找得到，就是最好的。

・三之星醬油（A）
走訪了和歌山的藏。加熱方式包括蒸煮、炒在內，全都用柴火燒。麴也是自行製造的。當然也裝在木桶裡。因而能做出這清爽的醬油。
200㎖¥800
900㎖¥1700
堀河屋野村
☎0738-22-0063
http://horikawaya.com

・鶴醬（B）
走訪了小豆島的藏。再次釀造是其特色。以醬油釀製醬油，需耗費極為大量的材料、時間和工夫，但如此釀出來的醬油，鮮味十足。
145㎖¥450
500㎖¥1000
ヤマロク醬油
☎0879-82-0666
http://yama-roku.net/

・裝入木桶，使用國產整顆大豆的醬油（C）
我的靈魂醬油。雖是長崎醬油，但不加糖。
750㎖¥570（不含稅）
チョーコー
☎095-826-6118
http://choko.co.jp/

・純粹未過濾的醬油特吟（D）
走訪了福岡、糸島的藏。這裡重視當地產的材料。排列著優質木桶的藏。醬油具鮮味且美味。
900㎖¥770（含稅）
北伊醬油
☎092-328-2204
http://kitaishoyu.com/

・麴醬油並追加放入米麴（E）
甘味醬油，始終以添加自製的米麴來釀出甘味。這珍貴、甘甜、優質的九州風味醬油，是以糸島的大豆、小麥，並添加米麴釀造出來的。這裡不是以木桶釀造，而是有它自己的做法。
720㎖¥1295
300㎖¥755（兩者都含稅）
カノオ醬油味噌醸造元
☎092-322-2710
http://www.kanoo-soy.com/

我喜歡的鹽巴和砂糖

我認為，很多人都講究鹽巴。日本國內鹽巴的販賣自由化（２００２年）才沒多久，所以有很多新的製造者，我也經常與新的天然鹽相遇，並品嘗其味道。以下是我大概會常備的４種鹽巴。

有人對砂糖不太講究，但它調製出來的味道，其實會出乎意料地不同。精製的上白糖和未精製的蔗糖等，甜度就不一樣，同樣分量做出來的成品也有差別。若上白糖分量為10，蔗糖的分量不是12左右，甜度就會不一樣。此外三溫糖有顏色，但和普通的上白糖幾乎一樣，顧名思義是經過三次加熱，即製出上白糖後再加熱，所製造出的糖。

若喜歡未經精製的糖，就用黑糖和蔗糖系列的砂糖。

● Guérande鹽之花（法國）

有甜味的鮮美鹽巴。多半撒在燒烤食材上，不太用於醬料當中。不純物質含量多，不適用於醃漬梅乾等。用於燉煮上會覺得鹹味變強，所以要控制用量。

● Camargue鹽之花（英國）

一樣用於燒烤食物。味道柔和溫潤，顏色純白，因此也用於在餐桌上撒鹽來吃。比Guérande的使用範圍廣。

・通詞島的日曬鹽（A）

經常用於湯料理和涼拌菜中調味，是一種常用的鹽，但用量不用多。

２００g¥７５６（含稅）

Saltfarm鹽工房

☎０９６-３５５-４１４０

http://saltfarm.jp/

・濱御鹽（B）

稍微撒一點在水煮蛋上、用於三角飯糰裡，就覺得很好吃。是甘味、鮮味均備的鹽巴。也經常直接撒在燒烤蔬菜等享用。

濱御鹽　４００g¥５００、１４０g¥２５０（不含稅）

（株）白松

☎０３-５５７０-４５４５

http://www.hakumatsu.co.jp

A

B

C

D

E

・生砂糖（C）

竟然有如此美麗的糖，也有液體的。不像黑砂糖那麼甜，經常用於能直接感覺到甜味的涼拌菜、點心類。這是從鹿兒島薩南群島採收的良質甘蔗，只搾出糖分、未經精製的純粹砂糖。

４００g¥３３４（不含稅）

鴻商店

☎０６-６７１６-１２１９

・素焚糖（D）

這也是用於燉煮料理和點心類。所謂的素焚糖，就是只用奄美群島產的甘蔗製成的砂糖。糖的名稱，來自將原料（素）所含的礦物質與風味慎重焚燒（焚）的獨特製法。

６００g¥３２４（含稅）

大東製糖株式會社

☎０４３-３０２-３１０８

http://www.daitoseito.com/fs/daito/sudaki

・西表島產黑糖（E）

除了想煮清淡細膩的菜之外，燉煮料理我都會使用黑糖。黑糖不只有甜味，還能感受到豐富的礦物質、鮮味和香氣。西表島產黑糖，是沖澠八島中色澤最白的。２５０g¥３００（不含稅）

西表糖業株式會社

☎０９８０-８５-５２０７

我喜歡的醋

我的家人都喜歡醋，消耗量也大。優質的醋不只有酸味，還有鮮味，也有助於減鹽。

其中，我最喜歡紅醋。紅醋就是酒糟醋，現在的ミツカン品牌，就是在江戶時代成功將酒糟發酵製成醋而發跡的。當時的酒糟裡殘留了很多酒精成分，因此能直接發酵，但現在多半是將酒糟熟成（1年～2年），再加入酒精（有的會用純米酒）使醋酸發酵製成。這種醋的特徵就是呈紅色（琥珀色）、味道溫潤、濃郁，有鮮味。在酒糟熟成期間，鮮味成分會增加。據說，紅醋的誕生促成了非發酵壽司*的江戶前壽司的發展。現在，也有很多壽司店使用紅醋。

另外，米醋是先製成日本酒，再經過醋酸發酵、熟成產生的。其特徵是具上等日本酒般的色澤、甘味，並存在刺鼻的酸味。

*即魚飯壽司。將魚類等材料，以熟米飯發酵產生的乳酸菌醃漬而發酵的壽司。

發酵、熟成的方法有兩種。一是古法：靜置發酵，亦即慢慢發酵、熟成。另一種是送入空氣，快速發酵的通氣法（連續發酵），經過12～24小時便發酵完成，可以每天出貨。

當然，我最推薦靜置發酵的醋。

C　B　A

・雜賀 吟釀醋（A）
經過各種嘗試，終於找到最喜歡的醋。也走訪了位於和歌山的藏。為了釀造美味的醋，雜賀先生也開始釀酒。讓山田錦純米大吟釀酒的酒糟熟成，並加入純米酒，放在木桶中靜置發酵。
300㎖¥580（不含稅）
九重雜賀
☎0736-66-3160
https://www.kokonoesaika.co.jp/

・三之判 山吹（B）
ミツカン釀製馳名日本的元祖紅（糟）醋。雖然曾經中斷，但活用過去的釀造法，再於1984年發售。如今已成為食品製造的大企業，但仍持續釀造費工夫的醋。我覺得這點很棒。
500㎖¥700（不含稅）
ミツカン
☎0120-261-330
http://www.mizkan.co.jp/yamabuki/

・臨醐山黑醋（C）
黑醋又是不同的釀造法，味道也很濃郁、獨特。用於想要有效利用香氣時。
360㎖¥500（不含稅）
內堀釀造株式會社
☎0574-43-1185
http://uchibori.com/

我喜歡的味噌

從小我就學到，醬油要在夏天時釀造、味噌則在過冬時製作。我家的飲食歲時記，大概是在10月開始釀造，釀完柚子胡椒就輪到味噌。

如今在我家，主要也是由我自己或母親釀製。兩者都是麥味噌。我曾深信不疑世上都是使用麥味噌，但日本真正廣泛使用的，幾乎都是米味噌。我還因此大為吃驚呢（笑）。於是我開始尋找美味的米味噌。

此外，我也受到京都白味噌吸引。一開始是和母親去京都的「なかむら」料理店。店老闆以自家單脈私傳的白味噌，煮出很美味的雜煮。裡面的材料只有圓形麻糬、白味噌，以及加在白味噌湯裡的芥末。越是以減法調製的單純料理，越令人念念不忘。從那以後，我也開始了探尋美味白味噌之旅。

儘管私心覺得母親的味噌最美味，不過還是介紹一下我喜歡的產品。

A

・三年味噌　・杉桶味噌（A）

金澤的東茶屋街有家店，經過的人都會被它的雅致風情吸引。這些味噌是我在某個夏天買來的，還沒打開包裝袋前，先將它們放在走廊上一天，之後每袋都鼓鼓的。內心深深覺得，一定很新鮮。

3年味噌　500g¥1000
杉桶味噌　1kg¥1000（兩者都不含稅）
※甜酒也很出色。※米麴也很棒，請在自行釀製味噌時使用。
高木糀商店
☎076-252-7461
http://takagikouji.com/

B

・藏囲【大黑】DAIKOKU糀（B）

一直以為長野的味噌很鹹。不過這裡的味噌很美味也很新鮮，而且鬆軟。這是傳達認真、熱誠製造精神的美味味噌。也可直接加在蔬菜上。加少許黑砂糖、青胡椒就可用來醃漬。

¥1512／kg（含稅）
井上釀造
☎026-232-5427
http://www.inouejyozo.jp/

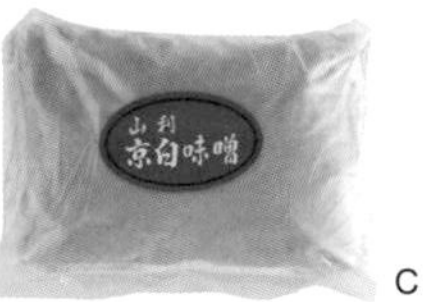

C

・山利　京白味噌（C）

以前要先下訂，再到店裡取貨，但現在在錦市場的四寅（京野菜）店就可以買到。每次去都會購買，並冷凍起來。即便冷凍也很滑順，會讓人想要像吃冰淇淋那樣直接吃。我常被充滿手作感的味噌吸引，但這是活用一般素人無法達到的專業技能所製作出「非購買不可的味噌」。

500g¥850（不含稅）
山利商店

※除此之外，醬油篇章中已介紹的和歌山堀河屋野村的白味噌也很棒。但只有冬天期間才有。

我喜歡的味醂

味醂並非發酵調味料，而是釀造調味料。日本關東（或稱江戶）、中部、北陸、關西、中國地方一帶，是主要的味醂喜好地區。日常可使用的範圍很少，堪稱瀕臨滅絕的物種。

可是它的味道獨一無二，不只有甜味，還很濃郁，有鮮味、味道圓潤。是砂糖、酒都無法取代的味道。具有讓食材不易煮爛、消臭、發亮的效果。就效果面來看，也是其他調味料無法取代的。

這是我待在紐約，去某個2星級主廚的料理教室時發生的事。「我在日本發現了令人吃驚、很棒的調味料。」主廚這麼說。像Sauternes（味道甘甜、很棒的餐後酒），但價格便宜。在那裡登場的，就是我們的味醂！而且還意外地，每個月以搭配油的MIRIN DRESSING之名，印在他店裡的菜單上。住在日本的我們豈有不用的道理！各種味醂的味道都不太一樣，請務必單一地品嘗味道。

A　B　C　D
・三年熟成純米本味醂　福味醂（A）
以金澤的福正宗、加賀鳶聞名的釀酒商的味醂。是我家的基本味醂，第一次遇到時，很驚訝於它的美味。主要使用3年熟成的，但也有1年熟成的。
720㎖￥1456（都不含稅）
福光屋
☎0120-293-285
http://www.fukumitsuya.com
・巴字圖案本味醂（1年熟成）（B）
在廣島遇到的巴字圖案味醂。走訪了鞆之浦的藏，這裡是動畫電影《崖上的波妞》主角居住的海邊的構思範本。這一帶從江戶時代起，就盛產稱為保命酒的藥酒，其原料是米、麴、燒酒（清酒是米、麴、釀造水）。知道它的前半製造工序都和味醂一樣，就能理解它的美味了。也推薦一年只販售一次、3年熟成的手工本味醂。
600㎖￥600（不含稅）
入江豐三郎本店
☎0120-37-2013
http://www.iriehonten.jp/

・福來純三年熟成本味醂（C）
白扇酒造是純粹的味醂製造商，從江戶時代起，就製造可當成飲用酒的味醂。麴也是自行培養的。
500㎖￥788（含稅）
白扇酒造
☎0120-873-976
http://www.hakusenshuzou.jp/

・春鹿　本味醂　南部八重櫻（D）
用於不想上色、鮮味是本味醂的味道時。以「春鹿」聞名的奈良酒藏。
720㎖￥702（含稅）
清酒「春鹿」釀造廠　今西清兵衛商店
☎0742-23-2255
http://www.harushika.com/shopping/

我喜歡的油

雖然不是調味料，但油是不可或缺的料理必需品，也是我們天天吃進身體的東西，而且味道也不盡相同。

盡量使用只經搾取、未精製的油，希望大家使用橄欖油、山茶油、菜籽油等單一的油品。我在義大利托斯卡尼參觀過搾橄欖油的地方，深深覺得「說這是油，根本就像果汁！」很想拿來當果汁喝。因為果汁同樣有不同的味道，也充滿了香味。

順便提一下，大部分的沙拉油都會和幾種從植物搾取的油調合，這是日本獨有、能以滑潤狀態長期保存的精製油品。即使放涼了，也不會凝固變白濁，似乎因為適用於沙拉醬，才命名為「沙拉油」，而且沒什麼味道。去海外的超市就能了解，日本的沙拉油非常便宜。搾取式的油感覺很昂貴，要大量用來炸東西時需要些勇氣，但嘗過味道就會知道差別，所以一定要用上等的油。關於油品，也請嘗味後再做選擇。

A B C D

・九鬼純正胡麻油こいくち（A）

前往伊勢神宮時經過四日市，是一直想去走訪一趟的地方。九鬼的芝麻油是我家常備的基本用油，永遠不缺。連普通的炒蛋，也只用這充滿香氣的芝麻油炒，所以能做出不同風味的菜。購買很方便，推薦給大家。

600g¥972（含稅）
九鬼產業
☎059-350-8615
http://www.kuki-info.co.jp/

・雫石的菜籽油「菜之雫」（B）

在銀座的岩手物產館偶然見到，便迷上了。這是為了振興城鎮而精心煉製的油。香氣、味道都不強烈，可用於一般炒菜，以及口味不想太重的醬料等。

500㎖¥1000（不含稅）
道之驛雫石Anetko
☎019-692-5577
http://www.town.shizukuishi.iwate.jp/docs/2014112900262/

・金芝麻油（C）

京都的芝麻油鋪。我喜歡這裡的芝麻油和辣油，經常用來調製沾醬、醬料。此外，炸蔬菜天婦羅時，也會添加3成左右這味道香濃的芝麻油。

290g¥1500（不含稅）
山田製油
☎0120-157-508
http://www.henko.co.jp/

・關根的胡麻油（D）

從江戶時代就存在的芝麻油。由於香味柔和，可取代沙拉油用在所有的料理上。炸的料理也多半會使用這種油。

470g・¥1620（含稅）
胡麻油的關根
☎03-3356-1558
http://www.gomasekine.co.jp/

放調味料的順序是「糖、鹽、醋、醬油、味噌」

某營養學的研討會曾發表說：「以前有這樣放調味料的順序：糖、鹽、醋、醬油、味噌，但最新的科學研究得出『即便同時放入也不會有變化』的結果。」咦？常聽人說這順序是有深遠意義的，砂糖因為顆粒大，要先放入才能入味。因此聽到新說法時，我很吃驚。之後，我親自驗證了一下。

結論就是，還是要尊崇前人的智慧。原則上，我是依照糖、醋、鹽&醬油&味噌的順序。味醂則要依它在料理上扮演的角色做調整。

其中又以鹽分的存在感強烈，最容易調味卻無法挽回。鹽分依加鹽巴，或是醬油、味噌會有若干的不同。原則上，要先留3成不放入，並嘗味道。然後，在最後的最後做調整。若能靠蔬菜與肉釋出的鮮味減淡鹽分，那就太幸運了。尤其是燉（煮）料理，放涼時會入味，所以在加熱階段加入的鹽分要保守一點。不夠的話，在吃的時候還能添加。直接加鹽時，先少量放入，嘗一下味道。湯或沙拉等，也可在各自吃時再加鹽，很推薦這種能維護健康的家庭料理方式。此外，醋也可用於想要添加鮮味時。炒菜時，一開始就加醋，等酸味揮發之後就能增添鮮味。而且還能夠減低鹽分。

味醂也有堅固蛋白質的作用，想防止煮爛時在前半加入，想讓菜色有光澤就在後半加入。有時也會分兩次加入。

對了，烹調食譜2倍的分量時，不要單純地將調味料變2倍。請從1.5倍左右加起，試味道做調整。

ＭＹ調味料

一旦備齊了美味的調味料，就要把它們自行組合成「ＭＹ調味料」。光是這樣做，就能調製出美味可口、受歡迎的自家配方。能夠隨手可得、簡單自製的，就是ＭＹ調味料。

●ＭＹ麵味露

任何人都會喜愛的就是這個。只要麵味露是自製的，即便晚餐讓家人吃清湯烏龍麵也不會有罪惡感。反而會有很多聲音說，家裡的飯菜有很大的變化。

材料與作法

第一道高湯（p.98）　400㎖

醬油　100㎖

味醂　110㎖～

所有材料放入鍋裡，以中火煮。煮沸時關火，放涼後保存。放在冰箱可保存10天，放在冷凍室則可保存1個月。

※高湯4：醬油1：味醂1　我會多放一些味醂。這個萬能調味料可以用來燉煮，當成醬料或沾醬。

醬油好像不到負20℃都不會結凍，因此麵味露也適合冷凍保存。從冷凍室拿出來立刻就能壓碎融化，直接淋在麵上，做成不同風味的夏天涼麵。

●麵味露浸烤茄

只要將茄子烤過，浸泡在麵味露中即可。我認為，這麼簡單的吃法，很難以市售的麵味露製作。此外，青椒、萬願寺辣椒、南瓜等，都可事先做成醬汁浸菜後保存。也可以加醋後，做成南蠻漬。

●調合醋

二杯醋（不甜的調合醋）

高湯１００㎖＋醋１００㎖＋醬油１００㎖　可依個人喜好，增減混合的比例。放在冰箱可保存5天，放冷凍室可保存1個月。

三杯醋（具甜味的調合醋）

二杯醋＋味醂70㎖，以中火煮。煮得咕嘟咕嘟時關火，就這樣放涼（不要煮沸騰）。放在冰箱可保存10天，放冷凍室可保存1個月。

●美乃滋

自製美乃滋很有趣。舉例來說，使用香味濃的芝麻油，加入磨好的芝麻粉，醋全部使用檸檬，3成的油使用橄欖油，加少許的白葡萄酒等。添加和式及西式不同的香草，也加入芥子醬、山葵、洋芥子、七味粉、柚子胡椒等，做出不同的美乃滋。

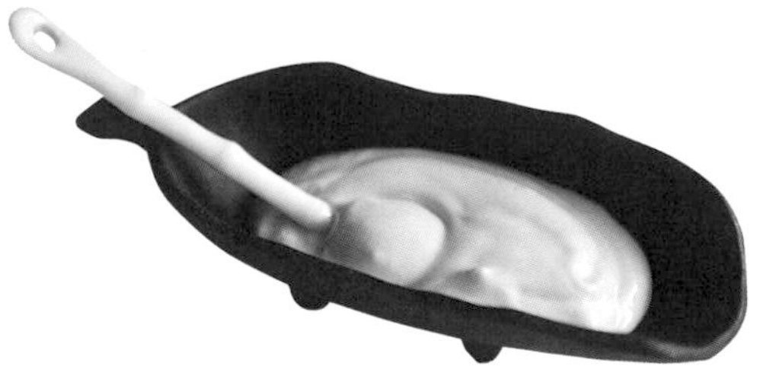

基本的美乃滋

將常溫蛋黃2個、醋2大匙和檸檬汁1大匙，以打發器或攪拌機好好地攪打混合。等完全混合均勻時，慢慢加入無香味的菜籽油（也可用芝麻油），攪打成個人喜歡的濃稠度（油大概200ml左右）。嘗味道，以鹽巴、糖（也可用龍舌蘭糖漿和楓糖漿）調整味道。

※10分鐘就能做好。放冰箱可保存3天。

●玉味噌醬

日式美乃滋？這種適合任何食物、令人上癮的味道，就是美味的白味噌。

材料

白味噌3大匙、上白糖1大匙（若用粉狀黑砂糖，增加20%。顏色會變暗沉）、酒2大匙、味醂2大匙、蛋黃1個、鹽巴1小撮

作法

除鹽巴外，所有材料放入鍋裡混勻，以小火慢慢熬煮。覺得出現熬煮痕跡時關火，放涼到相當人的體表溫度時嘗味道，若有需要就加入1小撮鹽巴。一旦放涼會有點變硬，所以熬煮的濃度要比美乃滋稀。

※放冰箱可保存5天，沒加蛋黃可保存10天。也可以加醋。

●蔥捲淋玉味噌醬

青蔥汆燙。由於中間會有空氣，所以用針稍微劃出線狀切痕，讓空氣洩出。蔥白部分摺成長3cm左右的三摺，剩下部分捲繞起來。

第7章 擅長生活

喜歡這個、喜歡那個，
將日子過得多彩多姿。
季節的花卉、一只盤子、
擁有旅行回憶的小瓶罐。
全部都與料理相關。

讓人喜歡料理的心愛物件？

只用純白來說，並不足以說明。雖然白，卻白得透明，令人想將臉頰貼在上面。這就是用雙手能整個托住的有田平盤。盤面上刻意雕刻兩株白色菊花。像要挑戰極限地刻著細膩刻痕的菊花，是精心之作。充滿寧靜、清澈、禪的世界，就在這三寸之中擴散開來。

這是英國1950年代因業務需要而大量生產的乳白色圓盤。我將從高知寄來的剛上市鮮紅水果番茄對半切開，簡單地擺盤。上面撒上卡馬格（Camargue）白雲母般純白的鹽。

白色也形形色色。只要配合料理，就能讓人看見各自鮮明、完全不同的表情。

這大概是將近15年前的事了，我如願前往義大利古城阿西西。在一家小巷弄販售修道院製品的店，遇上了美麗的桌布。純白的薄麻布與蕾絲，繡著充滿淡淡春色的花朵。有點太過浪漫了，心想不知是否符合我家和我的料理。但繡工十分細緻美麗，我實在移不開視線。至今我還很珍惜地使用著這塊桌布。在特別的日子攤開來用，心中就會浮現從阿西西山丘看到的清晨霧茫茫景色。

最近，身邊的人掀起一股簡約生活風潮。若能過著極簡生活，連餐具和桌布等的需求也會減到最低。我也很嚮往這種生活。不過，餐具、桌布，還有餐桌周邊的用品，都是能讓人擴展無限想像之翼的伙伴。一只小盤、一支湯匙都能激發創意，令我精力充沛，提升我對料理的熱情。既然是我心愛物件的變遷史，真的無法割捨。更直白地說，喜歡料理就一定會愛上這類東西，也因此才會越來越擅長料理，不是嗎？

桌布與圍裙～家庭手作品推薦

我年輕的時候，正好是日本泡沫經濟時期，非常非常流行義大利、法國的傳統高級食器，還有亞麻布之類的。總之就是商業區一杯咖啡賣１０００日圓的時代，也是到處充斥著3萬日圓咖啡杯的時候。如今回想起來就覺得頭暈，不知那時候到底是怎麼一回事。

回頭看，大概10年前。我在波士頓遇上了名為Anthropologie的SHOP。當時很感動，覺得真的很可愛!!店裡不只是服裝、雜貨，連餐具、桌布、亞麻類布品都令人愛不釋手。其中，還有在上面刺著幽默圖案，縫著復古風布條的迷人dish cloth。

可是等一下！28美元？直譯dish cloth的意思是擦碗布，售價相當３５００日圓。嗯，喜愛3萬日圓的基諾里（Ginori）杯，已經是很久以前的事了。要好好考慮一下。

那時突然閃過一個念頭，何不把它做成圍裙，而不是用來擦碗盤。若是圍裙，這價格就能接受，功能性也滿分。更重要的是，上面的圖案讓做菜充滿樂趣，而且（做成圍裙後）肯定是世上獨一無二的。我說不定是個天才！（順便提一下，Anthropologie是全美規模龐大的雜貨店，桌布就有相當大的產量。）

藉由這個契機，之後我幾乎都自己縫製桌布及圍裙。我稱之為家庭手作部，時常收齊布料就能縫製。能自行製作喜歡的東西，藉由手作，無形之中也能逃避現實，有助於消除壓力，可說是一舉數得。（也稱不上是手工藝，只是簡單地全部縫直線而已。）

左頁圖中，就是我常縫製的圍裙款式。在旅行地經常看到「整片繪著義大利地圖、尺寸不大不小的桌布，究竟要用在什麼地方？」這類東西時，也會縫製成圍裙。真的很不可思議，成效非常好，也成為旅行的紀念。

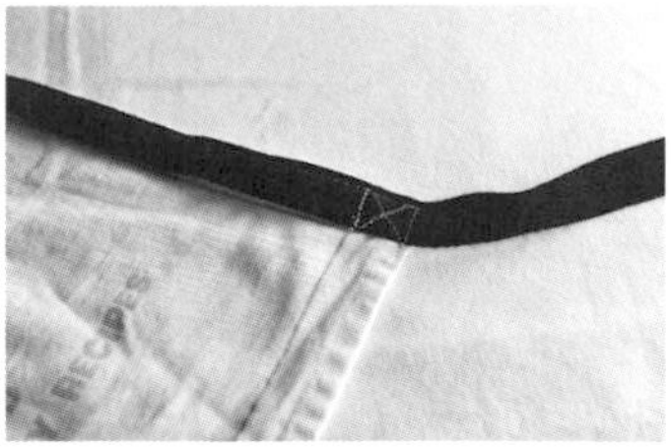

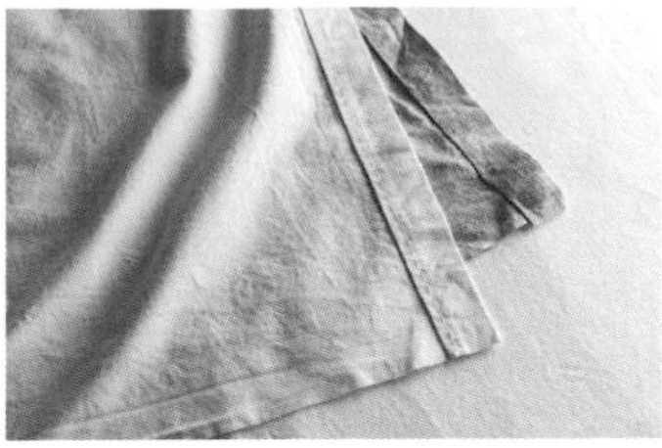

圍裙的縫法

抹布、擦碗布的上部（做成圍裙時，護住腹部的部分）邊緣，縫上布條（使用約2cm寬、堅固耐用的帶狀布條或緞帶）。※由於會繞一圈後在前面打結，因此一開始就要試繞自己的身體一圈，決定布條的長度。為了突顯布條，可以使用不同顏色或不同種類的布。

桌布的縫法

大型桌布和桌旗，只要購買喜歡的麻布或棉布，將布邊車縫起來即可。將喜歡的布的布邊摺三摺後，直接車縫。拍攝這些「作品」時，有人嚴厲指出縫線縫得不直……沒錯，應該盡可能縫成直線！（哭）

在勃艮第、塞維亞等旅遊地或跳蚤市場購買的古老桌布等，一開始就打算做成圍裙才選購的。麻質桌布變舊時，將漂亮的地方改成圍裙，就可以大膽用於容易髒汙的作業了。

最近，日本的布手巾也有許多花色，選擇季節性的花紋做成小型圍裙。當有客人到訪，要暫時離開去廚房時，或是只洗一點碗盤時，就很方便。圖中是在松本遇見、以藍白繡線繡出鯉魚圖案的布手巾。

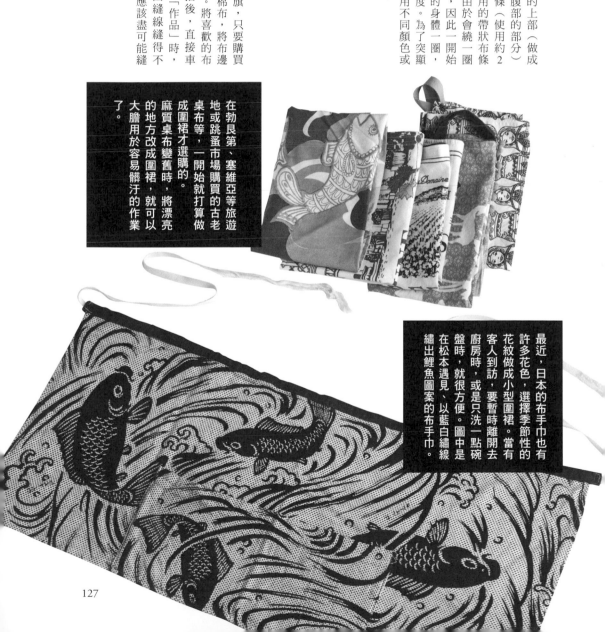

自己喜歡的器具，就是「好的」器具

「有人聚集的家，就是好的家。」我是這樣被教育長大的。我也經常招待客人。以前，盤子沒準備齊全，還要匆匆忙忙跑去買白色盤子，但現在不用這樣了。如今生活上使用的，全都是自己喜歡的餐具。中意的很多，可選的範圍很廣，但我還是會非常克制地嚴選、再嚴選。

「手工花」是沖繩方言，意思是「從手工藝所產生的東西」。將手工藝稱為花，挺令人著迷。

我也被「手工花」的器具吸引。最早有印象的相遇，就是德田吉美的器具。

她的作品帶點成熟、摩登，卻又俏皮，而且「器具的肌理」非常美麗。看到時，內心便湧現好幾道想要盛裝在上面的料理。一開始，我是購買小碟子。花樣有圓點、橫條紋、寬幅直條紋的。現在，這些小碟子也經常出現在餐桌上。

我也走訪了德田小姐在多治見*的工坊。經營工坊，不論肉體上、精神上、經濟上都很辛苦。作品想要問世全靠自己，所以有必要自我要求嚴格。有些年輕的手作者也在很局促的地方製陶。

算是一種緣分，我在製作高湯的書時，曾向多治見的陶藝家們商借了許多陶器。印象中，他們都很高興有料理盛裝在自己的陶器上。

我一再翻閱柳宗悅的《手工藝的日本》。書中闡述著手工藝國家日本，將手工藝品用於日常生活中的優點。我從多治見這些陶藝家們希望其作品能用於日常之中的想法，感受到了手工藝的傳承。《手工藝的日本》一書提到，手工藝的優點就是「告訴大家，地方的存在對日本而言有多麼重要」。我發現在其他地區，製作想於日常中被使用的器具、濾器、竹籃的人也在增加中。希望大家都能珍惜。

小時候，陶磁器商會定期來家裡，所以我對波佐見燒和有田燒都很熟悉。仔細說起來，前者是生活器具，後者發展成為藝術品。小時候，有個陶製的熱水筒就是波佐見燒。（特別提一下，我是戰後出生的，呵呵）兩者都有令人想碰觸的磁肌之美，是不輸任何地方的陶製品。

前一陣子造訪波佐見作家時，聽到這樣一段話：「季節性的花紋不好使用，所以賣不出去。現在正流行純白無花紋的款式，不論波佐見燒或有田燒的白色之美，並不輸任何地方，但百圓商店也有很多白色器皿，那些也賣不掉。因為碰觸的瞬間，就能了解之間的差異。」

這獨一無二、卓越的美麗白色，來自熊本、天草的天草陶石。據說現在採掘量減少，價格也變得高昂。聽說，也有很多製陶家因此歇業。我的力量雖然微薄，但盡量在上課時使用，傳達一下這種魅力。拿到手（使用時不要弄破）的各位也會喜歡上它的！

我也喜歡古老的東西，在旅行地一定會去找尋。我經常去京都與奈良、義大利的小村莊週末市場、巴黎的科里良古門跳蚤市場、紐約東村的骨董店等。幻想這些東西是經過什麼樣的人之手才來到我家，也很有趣。

我覺得，將精心製作的料理放在喜歡的器皿上，和卯足勁替喜歡的人做菜一樣。

因此，喜歡器具是很重要的。我不會特別指定非用和式或西式餐具不可，只要是喜歡的器具都會好好使用。

＊位於日本岐阜縣南端的城市。

從圖左上依順時鐘方向。綠色與藍色的碗是最喜歡的舊金山Heath Ceramics陶藝廠的產品。旁邊華麗的一堆小碟子是在Anthropologie購買的。右上角是阿拉伯140週年紀念品。其左下的櫻桃圖案盤，是在巴黎跳蚤市場一見鍾情，1900年左右的東西。旁邊是英國heartmaster與midwinter於1950年後半的產品，我收集的同時期物品。中間的杯子是我幼稚園以來的愛用品，美國的土產。回到右邊，看起來不太和善的豬，是在巴黎瑪黑區向骨董商買來的。左邊穿著紅色褲子、一樣看起來不太和善的熊，是可愛後輩送我的禮物。其下，鹿圖案盤是在義大利購買的1950年代製品。北歐挪威風的大盤，則是另一半的祖母傳給婆婆的愛用品，我很珍惜。

從圖左上依順時鐘方向。鬱金香的圖案，大概是栢野紀文的作品。旁邊搭配銀彩橫格紋的碗，是德田吉美的作品。其右下方的碗是馬川祐輔的作品，碗邊有斜條紋圖案。一旁的玻璃杯是北海道Niun-pet-glass美術研究所的產品。白磁碗有枇杷、白茶花圖案，兩者都是有田燒，Kihara的作品。深綠灰的嘴唇碗是綿島康浩的作品。正下方通透的白磁是田中陽子作品。下方，秋天圖案的九谷燒是宮本晄的作品。其右下的橢圓形大盤是八木橋昇的作品。旁邊是具繪畫能力的松浦Ko-taro的2件作品。其上，銀色圓盤是安藤雅信的作品。再往上，跳躍的鯉魚碗是我家的寶物，大約120年前的輪島漆碗，長崎雜煮用碗的大小。左下的小橢圓漆器是井上三希子的作品。其上的黑缽是岩田圭介的作品。

大家放輕鬆，在家吃頓飯吧！

我家的待客之道，最重要的一點就是放輕鬆，包括我在內，所有的人都很輕鬆愉快。

以前總想著要把料理和準備發揮到120%，會很賣力地一直忙。但我發現，這只不過一種自我滿足。客人反而會因為壓力，無法平心靜氣地吃飯，自己更是勞累。如今，我的待客之道「不會太過自作主張」。料理也以擅長的東西為主，做菜時仍飽含心意，但會避免太過努力。

關於待客方式，我想起兩則故事。一是故鄉長崎的桌袱料理*。與其說是鄉土料理，不如說是一種獨特的聚餐形式。

桌袱就是紅色的圓桌。這裡是指和華蘭，亦即將源自和風、中華、荷蘭的料理盛裝在大盤裡擺在一起。特色就是在圓桌上排起大盤的菜，不論是吃的順序、座位的安排都自由，真正不講求身分、地位、沒有上位的宴會。只不過有這樣的規矩：當一開始所謂的尾鰭木碗端出來後，直到這道菜吃完為止都不可以喝酒。所以，一坐下來只能喝啤酒*、聊聊天。尾鰭中一定會放入鯛魚頭。其中包含著「為了你，準備了一整條鯛魚」的歡迎之意。當這家主人出現，表明請用尾鰭後，大家都要以未喝酒狀態享用，之後不論喝什麼，從任何一道一起擺出來的料理吃起都沒關係。這就是以前熱鬧嘈雜的宴客情景。

這正是在鎖國期間仍有各國、不同立場的人出入江戶幕府的領地——長崎，以當天立刻花光金錢的性情，大方的待客之道。

另一是在祇園祭時前去京都，必定會聽到的「蘇民將來」的逸事。素戔嗚尊（日本神話中的神）前往南方旅行的途中，以破舊打扮向一對兄弟請求借宿一晚。富裕的弟弟看了素戔嗚尊一眼就拒絕。貧窮的哥哥「蘇民將來」，雖然只有栗子卻盡力招待，讓他住一晚。素戔嗚尊架起大型的茅之輪*，留下一句「這可躲避疫情」就離開。之後，瘟疫流行，以栗子款待的蘇民將來一家人倖免於難，而富裕的弟弟一家則無一倖免……的故事。

祇園祭期間前去京都時，料理店的八寸*都會附上「蘇民將來」字樣的酬謝禮和小型茅之輪，也會出現栗餅。

通常會招待來家裡的，不會是陌生的素戔嗚尊，而是喜歡的人吧！若能向對方傳達歡迎前來的喜悅，一起同樂才是一百分。

端出自己的拿手菜招待，就算端出和以往相同的料理也沒關係。當同伴中有人以「還想吃那道金平牛蒡啊～」的方式認可拿手菜時，那就太棒了。不過，這可能需要5、6次都端出同樣的菜。

有點閒情時，就在擺盤上設計一點小驚喜。譬如，以食用花或巴西胡椒做裝飾、盛裝在小型玻璃器皿裡、做成串、雅致地盛裝在大盤上等等。只是替平常的料理換一下裝扮而已。如果有季節性蔬菜和水果的話更好。

我一定會在餐桌上裝飾一些插花。但這些花不一定要很華麗，我會選一些不太顯眼的，如庭園的草花等。將這些花草插在漂亮的紅茶罐或果醬瓶裡，就和日常插花一樣低調。

重要的是，負責招待的「我」也要愉快。搭配一些只要溫熱一下、拌一下的「簡單食譜」，就不會光站在廚房忙碌。

若想要PO在臉書或Instagram上說「很愉快，還想再做」，那就表示，你已完全成為一個宴客高手了。

*將中華料理或歐式料理日本化的一種宴會料理。
*日本人的定義，啤酒不等於酒。
*以茅草製作的大型輪，用於農曆6月底的祈福儀式。
*以季節為主題的料理，通常是一種壽司與幾道分量不大的小菜的組合。

PBELL'S
TEA
KUSMI TEA
125 g
MAILLE
A l'Ancienne
MAISON ADA

餐桌中央的擺飾，運用當令的水果與蔬菜也有趣

原本，餐桌中央的擺飾是狩獵到的獵物等，將當天的收穫擺放出來。歐洲的繪畫中，桌上都擺放著滿身血的雉雞或鹿。雖然不推薦這種血腥場景，但不擺盆花，擺盤水果和蔬菜也很有趣。日本國產的檸檬整年都是綠色的，只有新年時是以黃色為主。像這類當令的東西就很好。也可用形狀有趣的南瓜、節瓜、朝鮮薊等難得一見的蔬菜。圖片裡的綠色盆栽是草莓。為防盆栽裡的泥土溢出，要放個邊緣高起的接水盤，這樣在招待客人時，就能擺飾在餐桌邊或房間裡。

以找到的大型葉片當裝飾，就是和式的開始

散步時，我經常尋找漂亮的大型葉子。一看到，就向人要來鋪在盤子上，上面可擺放點心或擦手巾。在白色盤子上放綠葉，上面再擺一只玻璃盤，就能盛裝義式生牛肉片（carpaccio）。花生筷置是將大型花生連殼一起曬乾的。只要將搓鹽小菜配好色彩擺放一起，就成為漂亮的前菜。

將瓶瓶罐罐等喜歡的東西，不經意地搭配出生活感

我喜歡收集紅茶罐、點心罐。通常是在旅遊地看到喜歡的外觀就購買，或是別人送給我的。我會拿來插花，或是在裡面放個小杯子再用來放餐具。將不同色調收集齊全，就覺得很滿足。有的會漏水，所以要小心。（可在其中放入杯子或小碟子來使用）。

蠟燭和筷置中，隱藏著旅途中發現的回憶

方形玻璃花瓶中，放入在旅行地海邊撿回來的石頭，再放盞蠟燭。若有燭光，一旁的插花我會刻意只用綠色。

旅行時，我會在海邊散步找尋好的筷置（笑）。只撿那些看似高貴、自己中意的石頭。扁平石頭是在西班牙巴斯克區的吉塔里亞撿拾的，橘色與黃色貝殼則是在紐約長島遇到的。只要看到它們，就會想起那夢一般的時光，或許真的像做夢一樣……「章魚」和「寄居蟹殼」原是泰國市場少年販售的玻璃裝飾物，在我家則拿來當筷置用。

秋天某日我家的宴客餐桌

●我很喜歡這套白花彩繪的茶壺和盤子（雖然只有兩個）。這是在奈良發現，英國1950年代的產品。有時也當水瓶用。

●盤子和木板上擺放買回來的火腿肉和起司、醃黃瓜與漬物、蔬菜棍與沾醬，當作開胃小點和前菜。乾杯後，就可立刻享用。

●桌布是用格子模樣的棉布製成的。盡量只用直線車縫布邊。

●將無花果拌藍紋起司、淋上稍微煮揮發的巴沙米克醋，擺放在玻璃小酒杯中，做成迎賓前菜。也可用草莓、桃子、李子取代無花果。

●餐具以白色紙餐巾包裹，並用麻繩繫住，上面添加綠意。由於客人會用餐巾擦拭嘴巴，因此選擇白色而不選有花色的。若使用有花色或有色紙餐巾時，也會添加白色紙餐巾而變成兩條餐巾。順便提一下，布質餐巾不方便客人使用，因此不採用。

●餐桌中央擺放一排插花，即便玲瓏小巧，看起來也華麗。但高度不要太高，大約15cm即可。圖中是以我喜歡的銀蓮花為主，分別插在不同的小型玻璃杯裡，並插入當天所用的香草、庭園裡盛開的花。
擺放玻璃花瓶的木板，是旅行時別人給我的。這是將酒桶解體後製成的，木板上有打洞，洞的部分原本用來放蠟燭。

義式狂水煮鯛魚

義式狂水煮鯛魚（p.138）

這是一道能讓大家讚歎「即便這樣，也很厲害」的宴客料理。雖然簡單，但白嫩的魚肉很美味，而且看起來豪華。總之，為了聽到大家「哇——！」的歡呼聲，這道菜我做了好幾次（苦笑）。

材料

鯛魚　1尾

※1kg左右。請量好家裡烤箱的烤盤長度，再去購買。（春天鯛魚很貴，其他季節比較適合）但價格還是比牛排或優質豬肉合理。養殖的鯛魚也可做得美味。

番茄　中型的4～5個
洋蔥　2個
百里香（生鮮的）、迷迭香　各2～3枝
橄欖油　2大匙
天然鹽（蓋朗德或卡馬格的鹽之花）
　2小匙
蛤蜊　200g
白酒　100mℓ
奶油　20g
義式荷蘭芹　適量

作法

1. 鯛魚取出內臟，魚鱗刮乾淨（到這裡為止，可請魚販代勞）。
2. 整條魚撒鹽巴（分量外），在冰箱中靜置1小時左右。會像流汗般出水，請以紙巾將水分擦乾（也可在前一天抹鹽靜置一晚。）
3. 蛤蜊吐沙。（參考p.69）番茄去蒂頭，切成2～3cm寬。洋蔥去皮，切成1cm的圓片。
4. 將熱水淋在整條鯛魚身上進行澆熱水，若有殘留的魚鱗就去除。在魚身上劃刀痕，塞入香草。魚腹內也放入香草。
5. 烤箱預熱至170℃。

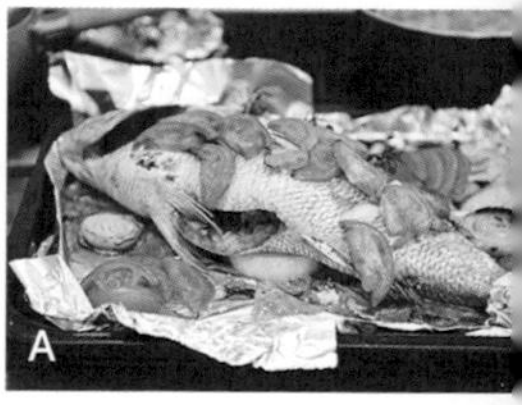

6. 烤盤上鋪錫箔紙，鋪放洋蔥，其上放鯛魚。整個撒鹽巴，再淋橄欖油。在鯛魚上面放番茄，在預熱好的烤箱中烤20分鐘。鯛魚不取出，直接將烤箱調到200℃，繼續烤7～8分鐘（圖A）。

　※依鯛魚的大小與烤箱調整烤的時間。

7. 烤6的期間，將蛤蜊、白酒和奶油放入鍋裡，開中火。蓋上鍋蓋燜煮5～6分鐘，直到蛤蜊的殼完全打開為止。
8. 烤好的魚盛裝到盤子裡，將7連蛤蜊一起鋪滿整條魚。撒上義式荷蘭芹。擠檸檬汁後就可以享用。

　※吃剩的魚骨和魚頭可再放入鍋裡，加白酒和水（或是昆布水）煮成湯。也可加白飯會很好吃。鯛魚骨頭很硬，要小心注意。

做菜有靈感的重要性

旅行與閱讀。我從這兩者獲得很多做菜的靈感。

最重要的是旅行。旅行中遇上很多「第一次吃到」的料理，還有食材跟調味料。我盡可能去造訪製作的場所，受到激發就莫名地很想要做菜。不管去到國內外哪個地方，也一定會到當地的市場和超市逛逛，這些地方給了我更多的刺激。

此外，乾燥的空氣、不曾見過的大海顏色、絕妙對比盛開的小花、不可思議的果實、只存在當地的所有東西，這些種種所給予的刺激，都成為我莫名「想要做菜——!!」的原因。並再次重新審視：我還真是喜歡做菜啊！對自己來說，這些都是很重要的瞬間。

回到家後，往往餘韻猶存。有時會想要忠實重現在旅行地吃過的東西，有時則會突發奇想：「若是我，會這樣使用、這樣做。」思路完全不同，就會產生出完全不同的料理。

其次是閱讀。有段時間，我因為美國偵探小說而迷上醃黃瓜三明治。該書作者蘇・葛拉芙頓（Sue Grafton）描繪的女偵探，每天都吃這種平凡（書中的描述）的三明治。也因為看了《鬼平犯科帳*》，很想要做軍雞鍋（軍雞即鬥雞），類似以雞肉和牛蒡片做成的火鍋。總之，閱讀會讓我想烹調書中的美食。但不知為何，引起我興趣的大都是十分簡單的料理。

一早起床，就急忙一股勁地做起菜來，嗯……好想來個大改造，有時就會從中研發出嶄新的個人食譜。

*日本作家池波正太郎所寫的系列時代小說。主角長谷川平藏是江戶時代的市井民事糾察官，對罪犯兇如厲鬼，因此綽號「鬼平」。而「犯科帳」就是官府的判決紀錄。

旅行的
食譜
1

令人感動的金麵

旅行的食譜 2

沒能吃上的西班牙式煎蛋

令人感動的金麵和沒能吃上的西班牙式煎蛋

任何人都會有想到「噢，這個！真想做看看啊。」的瞬間，不是嗎？經常感受到這點的人，一定是個老饕而且喜歡料理。

這種人只要在旅行、閱讀、看電影、日常外食中進入「想要做看看的切換模式」，心中都會興奮不已。

我和泰國很有緣，造訪了數十次，連婚禮也在當地的寺廟舉行。某次在清邁遇上了好吃到嚇一跳的金麵，替我們煮金麵的青年，是越南流亡者的第二代。詳細問了一下，他父親拚命逃到泰國，因緣際會抵達清邁時，最初吃到的就是著名的「金麵」。之後非常辛苦地開了家食堂，日子才終於平穩下來。因此一聽到他說，金麵現在對他的家人來說是很特別的料理，我就很感動。金麵是在煮好的麵上面鋪炸過的麵，是很不可思議的料理。咖哩風味很重，但也有獨特的甘味。我就以我的靈魂食物「什錦炒麵」試做過這道菜。

西班牙巴斯克地區，被稱為美食之都的聖．賽巴斯坦，是品飲紅酒的最佳去處，白天就有很多人前往。在一堆酒吧當中，「Nestor」的西班牙式煎蛋獲得了No. 1的好評。這煎蛋當然要事先預約，我因為出了點差錯而沒能吃到。

鏘——突然看到一旁有人正在品嘗。明知不禮貌，還是仔細觀察了煎蛋的表面、剖面，連拿起來的感覺都很柔軟、厚實。因此我想要做做看。

以下要介紹的，就是綜合在其他地方吃到西班牙式煎蛋的體驗，回國後所做出來的食譜。若有機會再次造訪，我真的很想確認究竟有何不同。

旅行的食譜 1

令人感動的金麵

材料（2人份）

●咖哩醬料

番茄　2個

生薑　1塊

椰奶　1杯（常溫）

橄欖油或椰子油　3大匙

咖哩粉　2大匙

鹽巴　1小匙

粉狀黑砂糖　1小匙

魚露　1小匙

萊姆（檸檬亦可）　½個

什錦炒麵用油炸細麵　2人份

豆芽　1袋

豬碎肉　200g

酒　1大匙

花生　30粒左右

芹菜　1根

羅勒葉　10片左右

作法

1. 製作咖哩醬料。抓著番茄的蒂頭部分，搓碎。生薑也搓碎。
2. 咖哩粉放入平底鍋裡，從中火開始炒。炒香時加入鹽巴、黑砂糖，轉小火後加入油，混合均勻。
3. 將1分3次加入2中。當全部材料完全混合時，加入椰奶煮到沸騰。
4. 花生浸泡溫水靜置10分鐘。芹菜去筋絲後斜切成薄片。豆芽若有閒情就摘掉根和根鬚。
5. 平底鍋裡抹油（分量外），放入豬碎肉以中火炒，並灑酒。加入4和芹菜一起炒，然後淋魚露。
6. 將3加入5裡混勻，撒入什錦炒麵用麵。擠入萊姆（檸檬）汁。

旅行的食譜 2

沒能吃上的西班牙式煎蛋

材料

20cm的平底鍋　1只

蛋　4個

洋蔥　1個

馬鈴薯（例如男爵等，可煮成泥狀的品種）　3個

鹽巴　½小匙

可融化的起司　100g

奶油　20g

橄欖油　2小匙

作法

1. 馬鈴薯連皮從冷水煮起。完全煮軟時（可用筷子刺穿的程度）去皮，放入碗裡，搗碎並混入鹽巴。直接這樣放涼。
2. 洋蔥對半切開，沿著纖維盡量切薄片。
3. 打蛋，在碗裡用切入攪拌方式充分打勻。將這蛋汁放入1裡，與馬鈴薯充分混勻。
4. 平底鍋裡抹油，置於中火上，趁鍋未熱時放入洋蔥開始炒。炒到透明時，將3全部加入。
5. 煎到邊緣有點焦黃的程度時，轉最小火，蓋上鍋蓋。燜煮20分鐘左右。
6. 利用盤子或鍋蓋將整個翻面，上面鋪滿起司。當起司融化時，鋪上奶油後再次翻面，當奶油融化燒出香味時，倒扣在盤子上。

母親的
食譜
1

除夕的什錦飯

母親的食譜 1

除夕的什錦飯（p.146）

這是我母親除夕時一定會做的一道菜。一到12月，差不多為期3週，母親會每天都窩在廚房，不是煮旅館的而是煮家裡的年菜。為了隔天隆重的除夕做準備會很忙碌，因此晚飯就決定做這道什錦飯和清湯。既可在想吃的時候吃，有人來拜早年時，也可以讓他們帶回去。雖然是什錦飯，但母親的作法也可當壽司飯。若問母親，一般書上的食譜都有放鰻魚或是蝦（但我母親沒放）？她會不假思索地回答：「不不，這道什錦飯要做得簡單一點比較好！」

是的，知道了。

●壽司飯

米飯　3合分量（1合約150g）
鹽巴　½小匙
壽司醋　100mℓ

1. 煮飯時，加入鹽巴煮（我多半不加鹽巴，但可以試一次看看，找出自己的喜好）。
2. 將煮好的溫熱白飯攤平在橢圓形木盤上（左頁圖A），壽司醋分3、4次加入混勻。以沾濕的飯瓢，用切入攪拌方式混勻（圖B）。

※沒有橢圓形木盤時，也可用不鏽鋼盤。請花點工夫，用心地將白飯盡量攤平在盤子裡。
※還沒做慣時，用4根筷子會比用飯瓢容易混勻。
※最後，要覆蓋弄濕後擰乾的白布，靜置。

●配料

香菇（乾香菇泡發後使用）　4朵
蓮藕　直徑7～8cm，長10cm
紅蘿蔔　½根
牛蒡　½條
酒　50mℓ
高湯（若沒有，就增加酒的分量）　100mℓ
粉狀黑砂糖　3大匙
味醂　2大匙
醬油　2大匙
蛋　3個　做成薄蛋餅
海苔　適量

1. 香菇摘下菇蒂和硬梗。菇傘切碎，菇蒂切成薄片。紅蘿蔔去皮後，以十字方式切成四等分，再切成扇形薄片，泡在水裡。牛蒡削去皮，縱向劃出十字紋後再削成小細片，泡在水裡。蓮藕切成像紅蘿蔔般的薄片，泡在水裡。

2. 將1放入鍋裡，加入酒、高湯和黑砂糖，以中火煮。煮沸時蓋上落蓋，燜煮到軟嫩為止，約煮10分鐘。

3. 嘗味道，加入醬油、味醂，繼續將湯汁煮到剩1成。就這樣放涼（圖C）。

4. 打蛋。利用筷子，不是打發，而是用切入方式充分攪打均勻。平底鍋裡抹油，充分加熱後煎薄蛋餅。放涼後切成細絲。

5. 將3混入壽司飯中（圖D）。撒上4的蛋絲和海苔。

※依個人喜好，也可放入燙過的豌豆，若季節對，也可加花椒的嫩芽。

A

B

C

D

◆壽司醋的食譜

米醋　100㎖

上白糖　4大匙（用蔗糖、黑砂糖時，要再加2小匙左右）

鹽巴　2小匙多（若飯裡有放鹽，配料也有鹽分時，就要稍微減少分量）

1. 所有材料以中火煮，煮到沸騰時關火，就這樣放涼。

※做出來的分量會超過100㎖。放在冰箱中可保存2星期。

※也可以充分攪拌而不加熱，但為了能徹底溶解和增加保存期限，最好還是要加熱。

※以壽司醋100㎖配上米飯3合的比例。當配料中有鹽分且充分入味時，就可以少放點醋。若是做海鮮的箱壽司或是散壽司等，希望充分入味時，醋的比例就多放一些。

母親的食譜 2

母親的食譜 2

柚子胡椒

柚子胡椒是我家的靈魂食物之一，鮮明地留存在我的記憶當中。每年10月逢長崎所謂的「御九日*」秋季大祭典時期，家裡就會製作1年份的柚子胡椒。因為這時期正好是青辣椒（在九州稱為青胡椒）變紅之前，以及青柚子變黃之前，唯一同時上市的期間。九州以外的地方或許很難取得材料，不過網路上應該找得到。

材料

青柚子　30個

青辣椒　200~250g

鹽巴（天然鹽、好吃的鹽）　50g

作法

1. 削下青柚子皮來製作。將內側的白絡盡量去除。
2. 摘掉青辣椒的蒂頭，去除裡面的籽（籽全部放入會很辣，所以要去掉7成左右的籽。請依個人喜歡的辣度做調整）。
3. 將1、2和鹽巴放入食物處理器中攪打。

※放在冷凍室可保存2年。使用時，只從冷凍室取出需要的量。它不會完全結凍，所以很方便使用。

*原本是在農曆9月9日舉行的節慶活動，因此稱為「御九日」。現在則改為新曆10月7日至9日舉行，每年都會吸引眾多遊客。

一起吃飯能促進彼此的關係，傳承給下一代

有時會有人問我：「希望妻子能擅長做菜，該怎麼做才好呢？」我雖然很想說：「你自己做做看吧！」但還是回答：「盡量一起在外面吃些好吃的吧——」這類現在馬上能做到的事。

這句話有很重要的兩個重點。一是要吃各種食物。人做不出沒吃過的味道。即使做出意外組合的味道，也是吃過各種東西才做得出來。

以前，會做菜的男人會說：「男生比女生會做菜的重點，就是『外食力』。」我發現，現在這種力量是女生更勝一籌。

另一點就是，盡量「一起」吃也很重要。若能一起吃，當天所吃的「那個！」就能增加飲食的共同話題，漸漸就能了解彼此覺得美味的重點。這樣不論是自己做或請別人做都愉快。不過，這只是表面的理由，其實還有更深一層意義。

飲食這件事，本來就是非常親密的行為。以前北野武寫過這樣一段話：「我認為，排泄行為，根本就和將會形成穢物的食物吃進嘴裡的行為，幾乎一樣。」我有點懂他要說的。就像在一起吃的人面前完全赤裸裸的感覺。人會因為每次一起吃而關係變親密。

但也有相反的情況。越是增加一起吃的機會，就越加失望。每次一起吃就會覺得：咦？你喜歡這個？無法相信……或是這種吃法，有點難以理解……等等。

有句話說「飲食看三代」。小時候吃什麼，會對味覺造成很大的影響，而且會因此影響三代左右的飲食。我認為不只是味覺，連對飲食價值觀都會造成很大的影響。對我這樣的老饕來說，這甚至跟生活方式有關。

就這層意義來說，以長遠眼光來看「一起吃」這件事，或許比牽手、接吻都還重要。

前幾天，榮獲2015年世界最佳50間餐廳第一名的西班牙主廚喬・羅卡被問到：「你的料理和你媽媽的料理（他的母親也經營餐廳），誰的好吃呢？」他立即回答說：「媽媽！她是世界第一。」

他表示：「我比誰都常陪媽媽，吃了很多媽媽做的料理。」看到這位年過50歲的世界級主廚立即回答說：「媽媽！」會覺得這樣的男人真可愛！而且他的媽媽該有多高興啊！真的很感動（順便讚美一下，真的很帥氣）。

畢竟，吃著滿懷愛心的料理長大真的很棒，我也重新向媽媽說一聲：「謝謝。」

我認為，一起生活、一起用餐非常重要。尤其是夫婦和家人，藉由每天的飲食就能更加強化彼此的牽絆。

喜歡做菜的母親、祖母、姨媽並沒有具體地教了我什麼，只是透過每天一起用餐，經過很長的時間，教會了我「吃的快樂」、「靠料理能變幸福」的道理。開始上課時，我都會向大家傳達這道理，希望大家能有共同的理念。

最近也突然想花時間，將這道理傳達給我的另一半呢！

母親的食譜 3

三明治

當我表示，要在書中收錄母親的三明治食譜時，編輯的反應是「什麼！」（心聲是：不是還有其他食譜嗎？）可是到目前為止，我還沒遇過比母親常做的總匯三明治還好吃的三明治。連我也做不出來。雖然作法很簡單，卻無法重現。因此，我稍微改變了一下內容，做以下的介紹。母親大人表示：「夾了餡料的麵包用弄濕擰乾的白布包起來放一會兒，就會入味。」「為免蔬菜的水分滲入麵包裡，麵包要好好塗抹一層奶油。」這些都是重點。

材料

- 三明治用吐司麵包　8片
- 奶油　適量
- 美乃滋　適量
- 芥子醬　適量
- 4種配料（次頁）

A 小黃瓜

小黃瓜　2條
鹽巴　1小匙（搓鹽用）

1. 小黃瓜切細絲，撒鹽巴，靜置10分鐘後搓洗，充分擠乾水分。
2. 麵包上塗奶油，將1鋪在上面，蓋上另一片塗了美乃滋（分量外）的麵包。

※將三明治兩兩一組並排，以沾濕並充分擰乾的白布將三明治全部包起來，靜置20分鐘～1小時左右，使之入味（上圖）。麵包刀沾水再切。

B 蛋

蛋　2個
美乃滋　1大袋
檸檬汁　½小匙
鹽巴　2小撮
羅勒　新鮮的，適量

1. 煮水煮蛋。以叉子搗碎後撒上鹽巴和檸檬汁，並以美乃滋拌勻。
2. 麵包上塗奶油，將1鋪在上面，再鋪羅勒葉。蓋上另一片塗了奶油的麵包。

C 鮪魚

鮪魚（水煮、非薄片的）80g
芹菜　½枝
鹽巴　½小匙
黑胡椒　適量
美乃滋　1大匙

1. 芹菜去筋，斜切成薄片後撒鹽巴，靜置10分鐘後搓洗一下，以白布包起來擰乾。
2. 將鮪魚跟1、黑胡椒、美乃滋混合，充分攪拌均勻。
3. 麵包上塗奶油，將1與2鋪在上面。蓋上另一片塗了芥子醬（分量外）的麵包。

D 火腿和起司

火腿肉　2片
起司片　1片
萵苣　適量

1. 麵包上塗奶油，上面鋪上火腿、起司、萵苣。
2. 蓋上另一片塗了美乃滋和芥子醬（兩者都分量外）的麵包。

最終章 試著反覆做同樣的料理！
基本的10道菜

如今食譜到處都是，其中有些乍看像是不同料理，但其實就是同一道。感覺會做一道之後，就兩道都會做。有些料理則是會做其中一道，就其他全部都會做，像這樣的就可歸類為同一類料理。恕我說句不客氣的話，或許現下充斥著賣弄技巧的料理。還沒做習慣時，會以為全部是不同的料理，就每一道都去做。可是做了一大堆，還是沒能成為自己的東西，就會覺得很浪費時間。

此外，寫得很好的速成食譜，原本都是精通作法的專家才會想到的。他們所寫的取巧方法（撇步），當然都很有道理。可是你不明白個中道理，只是取巧地做菜，那麼不論做多少次，還是弄不清楚重點、訣竅和要點是什麼，這樣也很可惜。

恕我冒昧，這樣想要擅長做料理，根本是在繞遠路。

我覺得，將某本書的料理全部做過一遍，做菜就會有所長進，就像課外的一種自主訓練（自我評價）。而我會忠實依照書上的食譜，完全不加自創點子去做的，就是調理師學校的畑耕一郎的書。

「教科書一本就好」。這是我最喜歡的餐廳「Côte d'Or」的主廚斉須政雄的一句話。他表示，要學法國料理的技術，只要決定好一本書，跟著一位老師學習就夠了。

在大阪一家名叫「太庵」的店，有位我所敬仰的烹飪大師。有一次，聽到店主只在同一家店修業15年後就自己出來開店，我心想：果然是這樣。總覺得，這就是烹調大師會成功的訣竅。

在此想推薦的是，要不斷反覆勤做的10道食譜。這是我個人精選，匯集了各要點的10道菜。

請試著反覆去做。至少做3次，可能的話做到5次。建議大家，就算做膩了，也不要隨便跳過步驟或是不用心做。

藉由一再反覆，這10道菜就會成為你絕對不會失敗的拿手菜。

而且，自然而然就會了解哪裡是重點。反覆做過之後，再試著照自己所想的加些創意巧思，或是跳過某些步驟。這時，即使不看食譜、不計算分量，也不會失敗。

此外，對其他食譜的看法也會變得不一樣。如此就能了解，這樣是為了那樣的安排啊！

如此一來，也變得能夠拆解食譜。

出現在某道菜中的事前準備，若適用於其他料理的一般步驟，就能直接開始製作另一道菜。

舉例來說，只要記住某一食譜的搓鹽方式，就能運用於涼拌、拌飯等各種不同料理中。唉呀！真不可思議，如此最後就能輕輕鬆鬆做出1百道菜。能做1百道菜，就很足夠了。我認為，這樣就算不勉強增加更多不同菜色，每天也能做出好吃的菜。

基本的10道菜單

1. 核桃芝麻味噌醬涼拌茼蒿與地瓜（p.27）
2. 燉芋頭（p.34）
3. 燉牛肉（p.46）
4. 醋拌紅白絲
5. 鴨兒芹豆皮蛋花湯
6. 普羅旺斯燉菜（或西西里燉菜）
7. 放涼後也美味的漢堡肉
8. 煨比目魚
9. 焗烤通心粉
10. 基本的馬鈴薯沙拉

〈基本的 10 道菜〉No.4

醋拌紅白絲

〈基本的 10 道菜〉No.5

鴨兒芹豆皮蛋花湯

基本的10道菜之4

醋拌紅白絲（p.158）

這雖然是年菜，但也能成為日常的美味簡單料理。總之，這是一道做法簡單，不必開火加熱的蔬菜涼拌菜，而且濃縮了和式蔬菜的處理訣竅。白蘿蔔與紅蘿蔔的含水量不一樣，澀味也不同，所以這道菜充滿著如何調和兩種蔬菜、做得美味的智慧。細絲要盡量切細，紅蘿蔔的分量少點，就是將這道菜做得美麗又雅致的訣竅。

材料（3～4人份）

白蘿蔔　⅓根（400g）

紅蘿蔔　⅙根　※依個人喜好

鹽巴　適量（白蘿蔔裡放1小匙，紅蘿蔔則是其一半的分量）

米醋　5大匙

上白糖　1大匙　用白色的糖，成品的模樣比較漂亮。

作法

1. 以挑戰極限的心情，將蘿蔔切成很細的細絲。去皮後，先切成圓形薄片，再像切斷纖維般切細絲。紅蘿蔔絲也是同樣的切法。這裡一定要切得非常細。兩種蘿蔔絲分別放入碗裡。
2. 在紅蘿蔔絲中撒鹽巴，靜置15分鐘左右，以水輕輕沖洗，再用乾淨白布充分擰乾。蘿蔔也撒鹽巴，好好釋出多餘的水分。這裡要靜置15分鐘左右，然後以水輕輕沖洗，再用手好好搓揉清洗（圖A），去除蘿蔔的澀味，用乾淨白布充分擰乾（圖B）。
3. 醋裡加糖，充分攪拌到完全溶解。
4. 將2以3涼拌。放入冰箱約1小時，入味後就很美味。

※試著鋪點金箔。

※以同樣的要領，可以涼拌芹菜與紅蘿蔔、蕪菁與菊花，或是只涼拌小黃瓜等，有各種搭配甜醋的作法。任何一種都不像蘿蔔那樣有澀味。只要能做出這道，就可以用其他各種蔬菜試做，享受不同搭配的樂趣。

基本的10道菜之5

鴨兒芹
豆皮蛋花湯（p.159）

非常、非常簡單的湯料理。由於豆皮和蛋都是湯料，煮不出鮮味，所以要好好地煮高湯，以調味料決定味道。希望大家能找出自己和家人所喜歡的「湯汁的鹹淡」。

即便人數增加，也不要單純地將調味料加倍放入。要謹慎地增加調味料。

材料（2人份）

第一道高湯　300mℓ
（煮法參考p.98）

薄鹽醬油　½小匙

鹽巴　⅓小匙

味醂　⅓小匙

※視味道增減分量。

豆皮（乾貨）　10g

蛋　1個

鴨兒芹　適量

作法

1. 豆皮浸泡在熱水裡泡發，盛裝在濾網上充分濾除水氣。
2. 鍋裡放入第一道高湯，以中火加熱。煮到稍微滾時放入1，再放入調味料。謹慎地放入醬油、鹽巴，嘗味道後做調整，加入味醂，再嘗一下味道。
3. 將蛋以切入蛋白的方式充分攪打均勻。調整火的大小，不要讓湯煮沸，將蛋汁畫線般地倒入（圖C），就這樣不攪動地加熱。關火，盛裝到木碗裡，以鴨兒芹做裝飾。

普羅旺斯燉菜（或西西里燉菜）

基本的10道菜之6

普羅旺斯燉菜（或西西里燉菜）

（p.162）

這是我非常喜歡的料理，吃的時候會覺得「啊，蔬菜好美味！」一開始先用油炸，防止蔬菜的水分流出，才不會水水地進行燉煮。中國菜裡有這種作法，法國菜和義大利菜也有，真的很有趣。

連番茄醬，我也只是用熬煮方式煮去水分。熬煮出來的蔬菜鮮味混雜在一起，即便沒有加肉或魚，也能成為味道濃厚的「有力燉煮菜」。

材料

番茄醬　1又½杯
南瓜　200g
紅蘿蔔　½根
蓮藕　直徑5cm，長7～8cm
節瓜　1條
茄子（中型）　2條
小黃瓜　1條
洋蔥　1個
白酒　3大匙
鹽巴　1小匙（可調整）
巴沙米克醋（若沒有就用米醋）　2小匙
炸油　300mℓ左右

作法

1. 南瓜切成6～7mm厚，3×3cm大小。紅蘿蔔滾刀切成3cm大小。蓮藕切成1cm厚，再切成四等份。節瓜切成7mm寬的圓片。茄子去蒂頭，切成7mm厚的圓片。小黃瓜切成7mm厚的圓片。洋蔥縱向切成6等份的月牙形，再橫向對半切開。
※全部材料切好後，不能泡水。（因為要用油炸）
2. 鍋裡放入油，加熱至180℃（一放入筷子，沿著筷邊就冒出細泡的狀態）。
3. 用紙巾輕輕擦乾1的水分，從南瓜開始（圖A的順時鐘方向）以網勺盛裝，分別放入2裡清炸。中途油溫下降時，就邊加熱確定溫度邊炸。最後才炸洋蔥。蔬菜顏色分別變得鮮脆時撈起。放在網子上，以紙巾從上方輕壓吸除油分。
4. 將3與番茄醬、鹽巴、白酒放入鍋裡，置於中火上，不時攪拌加熱，當所有材料都裹上一層番茄醬時，最後加入巴沙米克醋。

※也可以冷凍。放冰箱可保存3天。這期間拿出來再加熱，就可保存5天左右。

A

●番茄醬

材料（容易製作的分量）

番茄（大型）　3個

水煮番茄罐頭（400g）　2罐

鹽巴　2小匙

黑砂糖　1大匙

作法

1. 番茄去蒂頭，劃出十字型刀痕，將刀痕處朝上，以烤架或烤箱烤5分鐘後去皮（圖B）。
2. 將1與罐頭番茄、調味料放入鍋裡，用飯瓢等將番茄壓碎，以中火加熱，煮沸時轉小火，以最小火慢慢加熱1小時，需不時看一下以免煮焦。

※也可放入180℃的烤箱烤1小時。所有材料的分量減半即可。

※放入冰箱可保存3～4天。裝入密封式塑膠袋中，將空氣全部壓出後冷凍，可保存1個月。

B

〈基本的10道菜〉No.7

放涼後也美味的漢堡肉

〈基本的10道菜〉 No.8

煨比目魚

基本的10道菜之7

放涼後也美味的漢堡肉（p.166）

這道菜可讓人了解絞肉的處理方式、做出好口感的工夫、攪打出黏液的訣竅；以及煮得軟嫩、連內部也煮透的方法，還有活用一煎就煎得出肉汁的方法。

材料

★漢堡肉餡　直徑7～8cm
6個份（容易製作的分量）

牛肉碎片（也可用豬肉）
200g
牛絞肉　100g
豬絞肉　100g
洋蔥　½個
麵包（8片裝吐司麵包）　1片
牛奶　2大匙
鹽巴　½小匙

★用肉汁製作的醬料（約4個分量）

奶油　10g
紅酒　2大匙
顆粒狀芥子　2大匙
醬油　1大匙

★配菜

馬鈴薯　4個
鹽巴　⅓小匙
水芹菜　適量

作法

1. 牛肉碎片切細成1cm左右。與絞肉、鹽巴放入碗裡，充分攪拌到出現黏液（圖A）（若放入肉和鹽巴以外的材料，就很難出現黏液）。出現黏液後，放入冰箱靜置（15分鐘～1小時）。
2. 洋蔥切碎，炒至有點透明後放涼。麵包撕成碎片淋牛奶泡脹。
3. 將2加入1中混勻，塑形成直徑7cm左右的肉丸。平底鍋裡抹植物油（分量外），置於中火上。趁鍋還冷時，放入肉丸燒炙。燒炙4～5分鐘後翻面，轉小火，蓋上鍋蓋慢慢燜燒。
4. 燜燒4～5分鐘後，拿開鍋蓋，將火開大，兩面煎到呈漂亮焦黃色就取出備用。

※以竹籤刺刺看，若刺出透明肉汁，就表示燒炙好了。

●用肉汁製作的醬料

將4的平底鍋置於中火上，放入奶油、紅酒、芥子、醬油，煮到噗滋噗滋沸騰時關火。淋在4的肉丸上，並撒上粉紅胡椒（如果有的話）。

●配菜的馬鈴薯塊

1. 馬鈴薯連皮放入水中，以中火加熱，煮沸時轉成稍小的火，煮至能用竹籤刺穿為止（若去皮煮，味道會變淡）。

2. 去皮（可用白布壓著，剝去外皮），放回已倒掉熱水的鍋裡加熱，觀察加熱的狀態，一邊晃動鍋子讓水分煮揮發。

基本的10道菜之8

煨比目魚（p.167）

煨白肉魚的重點，是把魚肉放入煮好的湯汁裡煨一下，就放涼使之入味。表面是油亮的湯汁顏色，裡面的肉呈現純白色，就是煨得漂亮、美味的標準。要注意，湯汁的量會依鍋子大小有相當大的差別。

材料（直徑20cm鍋的分量）
比目魚（較大型的魚切片） 2片
醬油 3大匙
味醂 2大匙
粉末黑砂糖（粉狀） 4大匙
酒 100mℓ
生薑 1塊

作法

1. 在比目魚皮上劃刀痕。熱水煮沸後，倒入方盤裡面，將比目魚輕輕沉放進去（進行澆熱水）。
※若從上方澆熱水，魚皮容易脫落，所以要以沉入水裡的方式澆熱水。

2. 將湯汁材料與生薑一起放入煨魚的鍋裡（留少許醬油做調整用），以中火加熱，煮沸時，輕輕放入比目魚，以烤紙等當紙落蓋，再煮7～8分鐘。

3. 關火，就這樣靜置30分鐘以上放涼，吃之前再加熱。以剩下的醬油調整味道（鋪上切成細絲的柚子皮）。
※若先加入味醂，因味醂含有硬化蛋白質的成分，可防止煮爛。放涼時，就會入味。

〈基本的10道菜〉No.9

焗烤通心粉

〈基本的10道菜〉 No.10

基本的馬鈴薯沙拉

基本的10道菜之9

焗烤通心粉（p.170）

認真地試做一下白醬吧！奶油炒麵糊的基本功盡在其中。若以主流的鐵氟龍鍋製作，即使用老方法也很容易製作。白醬還可以冷凍起來。

焗烤的料理不論是放入煮好的馬鈴薯、南瓜、飯，或是螃蟹、蝦都很美味。馬鈴薯、地瓜、芋頭這三種根莖類蔬菜，也常用來做焗烤。

基本的白醬

奶油　50g
麵粉　50g
牛奶　250mℓ
鹽巴　1小匙
※視奶油是否含鹽做調整。
※這樣的材料可做出350mℓ左右。

作法

1. 從冰箱拿出牛奶，回溫到常溫。
   小鍋裡放入奶油，以小火加熱。
2. 當1融化時，轉最小火，將麵粉分3次放入，炒勻。
3. 炒成漂亮的膏狀時關火，將牛奶分數次倒入，混合均勻。完全混勻時，以最小火加熱，使之融合在一起。
   ※若擔心結塊，在奶油融化時，可將鍋子拿離開火，這樣比較容易將最初的麵粉混入。

焗烤通心粉

材料
通心粉　150g
白醬　1又½杯
黑胡椒　適量
鹽巴　1小匙
可融化的起司（也可混入藍紋起司等）　100g
半熟水煮蛋　2個

作法

1. 鍋裡放入通心粉，水倒入到剛好能浸沒通心粉，加鹽巴，以中火加熱。水減少時，要經常加水到能浸沒的狀態，煮到比包裝上的標示少1分鐘（不要用滿滿的水去煮，就能煮得富有嚼勁）。通心粉充分瀝乾水分，倒回鍋裡，加入白醬，加熱到相當人體肌膚的溫度。
2. 將1裝入耐熱盤裡，鋪上起司，以180℃的烤箱烤10分鐘左右。烤好時，鋪上水煮好的半熟蛋，搗碎後享用。
   ※也可用烤爐烤，起司烤好就完成了，時間可視情況增減。

基本的10道菜之10

基本的馬鈴薯沙拉（p.171）

好好烹煮馬鈴薯，趁熱時入味。烹調時，不要讓小黃瓜過度出水。觀察時機，好好地按部就班進行。母親表示：「沒有檸檬就不要做。」我曾用醋試做，做出來的味道完全不一樣。我個人喜歡將馬鈴薯不要搗得太碎。

材料（3～4人份）
馬鈴薯（可用男爵等容易煮鬆軟、搗碎的品種）　400g（3～4個）
紅蘿蔔　50g（½根）
檸檬汁　½個～更多一些
鹽巴　½小匙
小黃瓜　1條
美乃滋　2大匙（依個人喜好做調整）

作法

1. 馬鈴薯連皮洗淨，從冷水開始煮。放入鍋裡，以中火加熱，煮沸時轉小火，不要煮到水滾冒出來的程度，要溫和地煮。煮到馬鈴薯能以竹籤或筷子刺穿的柔軟程度時撈起，瀝乾水分，以白布包著拿好，趁熱將皮剝掉。立刻放入碗裡搗碎，撒上鹽巴和檸檬汁，放涼。
2. 紅蘿蔔去皮，切成1～2㎝的塊狀，從冷水開始煮，煮到軟嫩時，充分瀝除熱水。
3. 小黃瓜切除兩端，切成薄的小圓片，撒上½匙鹽巴（分量外）。靜置10分鐘就會出水，然後充分搓揉，以白布擰乾。這裡要充分去除水分。
4. 將小黃瓜、紅蘿蔔與1混合，再將所有材料與美乃滋混合均勻。

※前一天事先做好，就會入味而變得美味。

後記

做的人有愛，但吃的人也有愛嗎？

我家是我做菜，另一半負責吃。不論端出什麼（即便是上課試做、每天菜色都一樣），他都會捧場。所以說，他豈不是把健康、生命都託付給我了呢？若是小孩，也許就會影響他的將來。不，說不定連對大人，都會影響到他的生存方式、生活方式和價值觀，不是嗎？

似乎有很多人覺得，每天做菜很辛苦，但做給他什麼就吃什麼的人，說不定更加辛苦。

我在心情低落時，會一再閱讀一本小說《*A Small, Good Thing*》（瑞蒙・卡佛著）。其中有段話是：連悲傷到無法呼吸的事情，只要能因為吃而覺得美味，人就會產生積極向上的動力。

能以喜歡的料理，讓老公、家人和朋友變得有元氣、充滿勇氣、心情愉悅就夠了。對站在廚房的我們來說，如果能做到這點，那麼做菜這件事就值得了。

我由衷感謝閱讀本書的各位。本書全部由我自己撰寫，對於下這樣的決定所寫出來的拙文，能獲得大家青睞，只想說聲謝謝。連小小標題也飽含了愛。

20歲以後，沒多久就意識到年齡已到了50歲。稍微現實地思考一下人生剩餘的時間，就會覺得凡事不現在做不行。希望到人生的最後那天為止，都能做喜歡的東西來吃，並珍惜和家人一起吃的時間。我非常高興能藉由這個機會，將有關料理的林林總總具體地寫成一本書。

對於激勵並指導我的親切總編輯戶沼，在此誠摯表達愛與感謝。也很感謝品味卓越的溫柔設計師高市，以及拍出誘人色彩照片、喝酒模樣超帥而被稱為波本先生的攝影師長谷川先生，還有永遠年輕可愛的助理們。經常閱讀我的稿子並提供意見的另一半，我會送給他幾張按摩券。

最後，再次對閱讀本書的各位，愉快期待著某天在哪裡能見上一面。那時的口號，就是「明天開始，輕鬆做好菜」。

非虛構32

明天開始，輕鬆做好菜

明日から、料理上手

～くり返しつくると腕が上がる基本の10皿と、とっておきレシピ55

作者	山脇璃珂
攝影	長谷川潤
日本原書書籍設計	高市美佳
料理造型	山脇璃珂
助理	垂水千絵、土屋曜子、まついくみこ、江原明子、石井貴子、高橋典子、川上匡美
譯者	夏淑怡
出版者	愛米粒出版有限公司
地址	台北市10445中山北路二段26巷2號2樓
編輯部專線	(02) 25622159
傳真	(02) 25818761

【如果您對本書或本出版公司有任何意見，歡迎來電】

總編輯	莊靜君
編輯	葉懿慧
企劃	葉怡姍
校對	金文蕙
內頁設計	王志峯
印刷	上好印刷股份有限公司
電話	(04) 23150280
初版	二〇一七年（民106）九月十日
定價	350元
總經銷	知己圖書股份有限公司　郵政劃撥：15060393 (台北公司) 台北市106辛亥路一段30號9樓 電話：(02) 23672044／23672047　傳真：(02) 23635741 (台中公司) 台中市407工業30路1號 電話：(04) 23595819　傳真：(04) 23595493
法律顧問	陳思成
國際書碼	978-986-94769-8-0　CIP：427.1 / 106012224

愛米粒出版有限公司
Emily Publishing Company, Ltd.

因為閱讀，我們放膽作夢，恣意飛翔—

成立於2012年8月15日。不設限地引進世界各國的作品，分為「虛構」、「非虛構」、「輕虛構」和「小米粒」系列。在看書成了非必要奢侈品，文學小說式微的年代，愛米粒堅持出版好看的故事，讓世界多一點想像力，多一點希望。來自美國、英國、加拿大、澳洲、法國、義大利、墨西哥和日本等國家虛構與非虛構故事，陸續登場。